_____ 드림

예쁘고,
맛있고,
만들기쉬운
사계절떡

예쁘고,
맛있고,
만들기쉬운
사계절떡

초판 1쇄 인쇄 2019년 4월 30일
초판 1쇄 발행 2019년 5월 7일

지은이 장여진·백송이

발행인 장상진
발행처 (주)경향비피
등록번호 제2012-000228호
등록일자 2012년 7월 2일

주소 서울시 영등포구 양평동 2가 37-1번지 동아프라임밸리 507-508호
전화 1644-5613 | **팩스** 02) 304-5613

ISBN 978-89-6952-334-1 13590

예쁘고,
맛있고,
만들기쉬운
사계절떡

장여진·백송이 지음

경향BP

선물하기 좋은 떡

어떤 떡을 책에 실을까? 책 작업을 할 때마다 가장 먼저 하는 고민이에요. 아직도 책에 들어갈 메뉴가 남았느냐고 물어보는 분들도 있는데 생각보다 아직 우리가 모르는 떡의 종류가 참 많아요.

그중에서 이번 책에는 선물하기 좋은 떡을 담았어요. 만들기가 조금 번거로워서 내가 먹으려고 만들기엔 조금 성가시지만 귀한 분께 하는 선물이라면 기꺼이 마음과 정성을 담아 만들고 싶은 떡들을 골랐어요. 직접 정성들여 만든 나만의 떡으로 좋은 날 고마운 사람에게 마음을 전해 보세요.

생소한 재료인 석이버섯가루나 여러 가지 가루 만들기 과정 때문에 조금 어렵게 느끼는 분들도 있을 거예요. 하지만 재료가 낯설고 만드는 과정이 조금 더 긴 것일 뿐 일반적인 떡 만들기에 비해 그다지 어려운 것은 아니니 미리 염려하지 마세요.

우리 전통 떡이지만 쉽게 맛볼 수 없는 것들이라 희소성이 있어 선물용으로 아주 좋답니다. 석이버섯가루, 팥가루, 땅콩가루, 귤병, 사과정과 등등 시중에서는 살 수 없고 꼭 내 손길을 오롯이 담아 만드는 것이라 의미도 더 있고요.

전통 병과뿐만 아니라 사랑하는 우리 아이들을 위한 귀여운 떡과 과자들도 소개했어요. 수박 모양의 강정과 설기, 동심 가득 토토로 설기는 모양이 독특해서 시선을 끌 뿐만 아니라 맛도 좋아 아이들에게 인기 만점이에요.

그 밖에 각 계절에 어울리는 음료 만드는 법도 담았으니 예쁜 떡과 함께 다과상에 내어 보세요. 가까운 사람과 도란도란 담소하며 마음을 나누는 기쁨이 배가될 거예요.

최고의 동반자인 남편과 사랑하는 딸 서윤이에게 가장 먼저 고맙고 사랑한다는 말을 전합니다. 그리고 물심양면으로 뒷바라지해 주시는 친정 부모님과 시부모님께도 감사의 마음을 전합니다. 같은 일을 하고 있어 언제나 힘이 되어주는 동생 'jellybean_cake' 유진이, 'dillydillycake' 진경이, 'nullicake' 김주현 선생님, '고도의 향기' 이현주 선생님, 그리고 함께 책을 작업하면서 떡을 만들고 사진 찍으며 함께 고생한 'oreilly' 백송이 선생님에게도 고맙다는 말씀을 드립니다. 그리고 모락모락을 지켜봐 주시는 분들에게 감사한 마음을 전합니다.

 장여진

서양 디저트 못지않게 예쁜 떡과 한과

떡과는 전혀 관련 없는 삶을 살아오다가 우연한 기회에 접한 앙금플라워 떡 케이크 원데이클래스로 인해 제 인생이 180도로 바뀌었어요. 처음에는 떡 만드는 것보다 꽃을 파이핑해서 떡에 예쁘게 어레인지하여 하나의 떡 케이크를 완성하는 게 너무 재밌고 뿌듯했어요. 그러다가 차츰 떡에 대해 부족함을 느끼게 되었고, 여러 떡 공방을 거쳐 마침내 궁중병과원 떡 전문 과정에서 전문적이고 체계적으로 떡 수업을 듣게 되었어요.

전통 병과 만드는 법을 배우며 뚝딱뚝딱 만들어지는 떡의 매력에 빠지게 되었어요. 특히 같은 떡이지만 멥쌀과 찹쌀 또는 다른 종류의 쌀가루로 만들었을 때 식감과 맛이 달라지는 게 무척 흥미로웠어요. 떡에 대해 보다 깊이 공부하게 되면서 우리나라 병과 중에도 소박하고 투박한 맛뿐만 아니라 서양 디저트 못지않게 모양이 예쁜 것도 많다는 걸 알게 되었어요.

예쁘고 맛있는 전통 병과가 아직 많이 알려지지 않은 게 안타까웠어요. 그것들을 혼자만 알고 있기 아까워서 이번 책에 민가에서 주로 해 먹어 오던 우리에게 익숙한 떡이 아닌, 궁중이나 반가에서 의례에 사용하던 고급스럽고 귀한 떡을 중점적으로 소개하게 되었어요. 좋은 제철 재료로 특별한 떡과 한과를 만들어 고마운 분들께 감사의 마음을 전해 보세요. 선물할 때의 행복감도 크지만 받는 사람도 지금까지 경험해 보지 못한 것이라 만족도가 높고 무엇보다도 고급스러운 맛에 반하게 될 거예요. 이 책이 여러분의 고마운 마음을 전하는 데 도움이 되면 좋겠습니다.

항상 도와주고 힘이 되어주는 언제나 내 편인 신랑, 딸과 며느리 일에 물심양면으로 도움을 주시는 양가 부모님, 바쁠 때면 언제든 흔쾌히 도와주는 도련님들과 동서. 옆에서 힘이 되어주는 가족들! 정말 고맙고 감사합니다. 같이 작업할 수 있는 두 번째 기회를 준 '모락모락 테이블' 장여진 선생님과 제 인생의 터닝 포인트를 만들어 준 '화유' 황보현 선생님에게도 감사의 말씀을 전합니다. 주변에 열심히 홍보해 주는 친구들도 모두 고맙고, 힘들다고 하소연할 때마다 다 받아주고 다독여 주는 선생님들도 고맙습니다. 그리고 '오렐리'를 믿고 찾아 주신 분들에게 감사의 말씀을 전합니다.

 백송이

Contents

PART 1
봄

일러두기

-멥쌀가루와 찹쌀가루 모두 물에 불려서 빻은 '습식 쌀가루'를 사용합니다.
-쌀가루 1kg에 11~12g의 소금간이 되어 있습니다.
-떡을 만들 때 꼭 필요한 기본 도구로는 믹싱볼, 중간체, 찜기, 무스링이 있습니다.

떡 만들 때 꼭 필요한 도구

찜기

물솥 & 김올라

찜기는 대나무 찜기 혹은 스테인리스 찜기가 있어요. 둘 중 어느 것을 사용해도 괜찮지만 유리 뚜껑이나 스테인리스 뚜껑으로 된 찜기를 사용할 때는 수증기가 고여 있다 떨어질 수 있으니 뚜껑을 면포로 감싼 후에 사용해야 해요.

대나무 찜기는 25, 27, 30cm로 크기가 다양한데, 저는 넉넉한 30cm 크기의 찜기를 사용하고 있어요. 찜기는 떡을 찐 후 바로 깨끗이 씻어 통풍이 잘 되는 곳에서 건조, 보관해 주세요.

찜기를 처음 사용할 때에는 베이킹소다나 식초를 푼 물로 깨끗이 씻어(담가 두면 더 좋아요.) 물솥 위에 찜기를 올려 30분 정도 충분히 찐 후 깨끗한 물에 10분 정도 담근 후 말려 주세요.

떡 전용 물솥은 찜기 크기에 맞춰서 제작되기 때문에 김이 새는 것을 방지할 수 있어요. 떡 전용 물솥이 없을 경우 김올라를 집에 있는 냄비에 얹어서 사용할 수도 있어요. 이때 냄비는 깊은 것이 좋아요. 너무 얕으면 물이 튀어 떡의 아랫면을 질게 만들 수도 있고 떡을 찌는 중간에 물이 부족할 수도 있기 때문이에요. 물솥의 절반 정도까지 물을 부어 끓여 사용하세요.

믹싱볼

중간체

쌀가루에 물을 넣고 고루 섞거나 다른 재료와 섞을 때 사용해요. 중간체에 쌀가루를 내리기 때문에 중간체를 얹을 수 있는 크기로 준비하는 것이 좋아요.

체는 굵기에 따라서 고운체, 중간체, 굵은체(고물체, 어레미)가 있는데 쌀가루를 내릴 때 사용하는 체는 중간체예요. 참고로 고운체는 베이킹에서 밀가루를 내릴 때 많이 사용해요.

굵은체(고물체, 어레미)

굵은체는 거피팥고물, 녹두고물을 내릴 때 사용해요. 예전에는 주로 나무로 된 제품이 많았는데 보관하기 편하게 스테인리스 제품으로 구매하는 걸 추천해요.

시루밑 & 면포

쌀가루가 찜기 밑으로 떨어지지 말라고 찜기에 깔아서 사용해요. 예전에는 주로 면포를 사용했지만 실리콘으로 만들어진 시루밑은 세척과 보관이 편리하고 영구적으로 사용이 가능해요. 면포는 주로 찰떡을 만들 때 사용해요. 떡을 찔 때는 적셔서 사용하는 것이 좋아요.

저울 & 계량스푼 & 계량컵

맛있는 떡을 만들기 위해서는 재료들을 정확히 계량하는 것이 중요해요. 저울로 무게를 재거나 계량컵(200cc)과 계량스푼(5cc, 15cc)을 이용해 부피로 계량을 하는 것도 좋아요. 200cc 계량컵 기준 쌀가루 1컵은 무게로 환산했을 때 85g 정도 나와요. 설탕 1큰술(15cc)은 무게로 12g 정도 돼요.

무스링 & 실리콘 틀

주로 설기(떡케이크)를 만들 때 사용해요. 다양한 모양의 무스링을 이용해 떡을 보다 예쁘게 만들 수 있어요. 요즘은 실리콘 틀을 이용해 흔하지 않은 모양의 떡을 만들 수도 있어요. 실리콘 틀을 쓸 때는 수증기가 쌀가루를 충분히 덮지 못하니 찌다가 실리콘 틀을 중간에 빼 주는 것이 좋아요. 무스링 역시 스테인리스 재질이어서 열전도율이 높아 옆면의 쌀가루를 너무 익혀 허옇게 가루가 날리게 하니 5분 정도 찐 후 뺀 다음 찌는 게 좋아요.

스크래퍼

스크래퍼도 종류가 다양해요. 손잡이가 달린 것은 무지개떡처럼 쌀가루가 무스링 높이보다 아래에 있을 때 사용하면 편리해요. 떡케이크의 윗면을 정리할 때는 무스링 크기보다 더 큰 스크래퍼를 사용하는 것이 좋아요.

타이머

떡을 덜 찌면 설익고, 너무 오래 찌면 질어져서 맛이 없어요. 타이머로 시간을 맞춰 두고 정확하게 떡을 쪄 내어 주세요.

실리콘 매트

찰떡을 치대거나 절편 반죽으로 떡을 만들 때 들러붙지 않기 때문에 작업이 용이해요. 실리콘 매트가 없으면 랩이나 떡 비닐을 깔고 작업하면 돼요.

밀대

떡을 일정한 두께로 밀거나 반죽을 평평하게 펼 때 사용해요. 나무보다는 아크릴 제품이 떡에 덜 들러붙고 세척도 용이해서 좋아요.

떡도장(떡살)

절편 혹은 설기에 모양을 낼 때 사용해요. 나무로 된
제품 혹은 플라스틱으로 된 제품도 있어요.

고명틀

떡의 윗면을 조금 더 예쁘게 만들 때 사용해요. 절편
반죽을 찍어 내거나 장식용 대추꽃을 찍어 낼 때도 사
용해요.

마지팬 스틱

송편을 빚어 모양을 낼 때 혹은 완성된 떡에 절편으로
만든 고명을 붙일 때 사용해요.

가위

절편 반죽을 오리거나 대추 고명을 오릴 때 사용해요.

떡에 색을 내는 가루

●붉은빛을 내는 가루

백년초가루

백년초가루는 손바닥 선인장의 열
매로 만들어요. 분홍색을 예쁘게
만들 수 있으나 열에 약해 찌는 떡
에는 사용하지 않아요. 절편 반죽
처럼 다 익은 떡에 넣어 주는 것이
좋아요.

비트가루

비트가루를 사용하거나 비트를 강
판에 갈아서 수분을 줄 수도 있어
요. 빨강색에 가까운 붉은색이 나
와요.

딸기향가루

천연가루는 아니고 시판 쿨에이드
가루를 이용해요. 백년초가루나 비
트가루 모두 열에 약하기 때문에
송편처럼 열이 가해지는 떡에는
딸기향가루를 넣어 색을 내요.

●노란빛을 내는 가루

단호박가루

단호박가루는 개나리나 병아리 같
은 노랑색이에요. 직접 쪄 낸 단호
박을 넣어도 좋지만 가루를 이용
하면 간편하게 색을 낼 수 있어요.

치자가루

예전에는 치자 열매를 물에 우려
사용했지만 요즘에는 가루로 나와
있어요. 단호박가루보다 조금 넣어
도 발색이 잘 되고 형광빛이 도는
노랑색이에요.

● 초록빛을 내는 가루

쑥가루

쑥가루는 색은 조금 어둡지만 떡
에 넣었을 때 향기가 좋아요. 봄에
쑥을 손질한 후 삶아서 사용할 수
도 있지만, 쑥가루를 사용하면 계
절과 상관없이 간편하게 떡을 만
들 수 있어요.

말차가루

말차가루는 쑥가루에 비해 밝고
깨끗한 초록색이 나와요. 절편 반
죽할 때는 주로 말차가루를 넣어
요.

● 보랏빛을 내는 가루

자색고구마가루

자색고구마가 나오는 시기에 쪄서
냉동한 후 사용해도 좋고, 간편하
게 가루로 나온 제품을 이용할 수
도 있어요.

● 검정빛을 내는 가루

코코아가루

코코아가루는 초코맛을 내는 떡에
도 사용하지만 무지개떡 아랫단처
럼 어두운 갈색빛을 낼 때도 사용
해요.

흑임자가루

흑임자가루는 검정깨를 팬에 볶은
후 분쇄기에 갈아서 사용해요.

쌀가루 만들기

완성된 쌀가루 각각 1kg 분량 │ **멥쌀**: 800g
찹쌀: 720g
소금: 11~12g(불린 쌀 1kg 기준): 방앗간에서 빻을 때에는 그곳에서 넣어 주므로 생략

1. 쌀은 물에 2~3회 씻어 깨끗이 준비해 주세요.

2. 깨끗이 씻은 쌀에 물을 넉넉히 부어 8~12시간 이상 불려 주세요.

3. 불린 쌀은 처음보다 1.2~1.5배 부피가 늘어나며 손으로 으깼을 때 잘 으깨져요.

4. 불린 쌀은 체에 밭쳐 10~30분 간 물기를 빼 주세요.

5. 물기를 뺀 쌀을 방앗간에 가져 가서 쌀가루로 빻아 주세요.

6. 빻아 온 쌀은 한 번 사용할 분량 으로 소분한 후 냉동 보관해 주세 요. 사용하기 전에 가루를 미리 꺼 내 놓아 해동해 주세요.

＊방앗간에서 쌀을 빻을 때에는 '소금간'을 해 달라고 꼭 말해 주세요.
＊쌀을 빻을 때 물을 너무 많이 넣으면 백설기 외에 떡을 할 때 어려우니 쌀 빻기 불편하지 않은 정도로만 넣어서 빻아 달라고 말해 주세요.
＊이 책에서 사용한 모든 쌀가루에는 소금간이 되어 있습니다.

찰흑미쌀가루 만들기

완성된 찰흑미쌀가루 500g 분량 | 찰흑미 360g
소금 5~6g

1. 흑미를 깨끗이 씻어 물에 담가 8시간 이상 충분히 불려 주세요.

2. 체에 밭쳐 물기를 빼 주세요.

3. 믹서기 혹은 분쇄기에 흑미를 넣고 갈아 주세요.

4. 체에 한 번 내려 고운 가루로 만들어 주세요.

＊흑미도 방앗간에서 빻는 것이 더 좋긴 하지만 소량만 사용하므로 그때그때 집에서 분쇄기로 갈아서 만들 수도 있어요.

흑임자가루 만들기

완성된 흑임자가루 200g 분량 │ 흑임자 200g
│ 소금 약간

1. 볶기　깨끗이 씻은 깨를 기름을 두르지 않은 팬에 넣어 깨알이 통통 튀고 깨알을 손으로 눌렀을 때 터져서 가루처럼 되게 잘 볶아 주세요.

2. 고물 만들기　볶은 깨에 소금을 약간 넣고 분쇄기에 갈아 주세요.

3. 보관　밀폐용기나 비닐팩에 넣어 밀봉한 후 냉동실에 보관하세요.

＊볶은 깨를 사면 과정 1을 생략하세요.

석이버섯가루 만들기

완성된 석이버섯가루 15g 분량 │ 석이버섯 30g

1. 석이버섯 30g을 준비해 주세요.

2. 석이버섯이 부드러워질 때까지 뜨거운 물에 담가 불려 주세요.

3. 부드러워진 석이버섯의 배꼽을 떼고 안쪽의 막을 벗겨 낸 후 검은 물이 나오지 않을 때까지 손으로 비벼 씻어 주세요.

4. 깨끗하게 헹궈 건조기에 넣어 바싹 말려 주세요. 체반에 넣어 말려도 되요. 생각보다 금방 마르니 상태를 중간 중간 확인해 주세요.

5. 바싹 말린 가루는 분쇄기에 넣고 갈아 주세요.

6. 고운체에 한 번 거른 후 사용해 주세요.

붉은팥고물 만들기

완성된 붉은팥고물 500g 분량	붉은팥 250g
	물 3~4배
	소금 3g

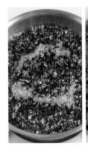

1. 붉은 팥은 깨끗이 씻은 후 조리질해 주세요.

2. 냄비에 붉은팥을 넣은 후 물을 넉넉히 붓고 끓이다가 끓어오르면 물을 쏟아 버려 주세요. 팥의 탄닌 성분 때문에 떫은맛이 날 수 있기 때문이에요.

3. 다시 팥의 3~4배 정도의 물을 부어 푹 무르게 삶아 주세요. 30~40분 삶다가 확인해서 물이 거의 없어졌으면 중불에서 추가로 물을 1컵씩 넣으면서 팥이 익을 때까지 끓여 주세요.

4. 푹 삶긴 팥에 소금을 넣어 고루 섞어 주세요.

5. 한 김 나간 후 대강 찧어서 고물을 만들어 주세요. 팥이 식으면 잘 빻아지지 않으니 뜨거울 때 해 주세요.

6. 널찍한 쟁반에 퍼서 수분을 날려 준 후 냉동 보관해 주세요.

통팥앙금 만들기

완성된 통팥앙금 550g 분량 | 붉은팥 250g
설탕 150g
소금 약간

1. 깨끗이 씻어 조리질한 붉은팥을 냄비에 넣은 후 물을 넉넉히 붓고 끓이다가 끓어오르면 물을 쏟아 버려 주세요. 팥에 탄닌 성분이 있어서 떫은맛이 날 수 있어요.

2. 다시 팥의 3~4배 정도의 물을 부어 푹 무르게 삶아 주세요.

3. 푹 삶은 후 수분이 많다면 면포로 물기를 짜 주세요.

4. 푹 삶긴 팥에 설탕, 소금을 넣어 섞어 주세요.

5. 약중불로 눋지 않도록 저어 가며 계속 조려 주세요.

6. 팥이 되직해지고 한 덩어리가 되면 완성입니다.

고운팥앙금 만들기

완성된 고운팥앙금 350g 분량 | 붉은팥 250g
설탕 120g
소금 약간

1. 깨끗이 씻어 조리질한 붉은팥을 냄비에 넣은 후 물을 넉넉히 붓고 끓이다가 끓어오르면 물을 쏟아 버려 주세요. 팥에 탄닌 성분이 있어서 떫은맛이 날 수 있어요.

2. 다시 팥의 3~4배 정도의 물을 부어 푹 무르게 삶아 주세요.

3. 삶은 팥을 체에 내려 껍질을 걸러 내 주세요.

4. 체에 내린 팥을 면포로 싸서 물기를 짜 주세요.

5. 물기를 짠 팥에 설탕, 소금을 넣어 섞어 주세요.

6. 약중불로 되직할 때까지 계속 조려 주세요.

팥가루 만들기

완성된 팥가루 260g 분량	붉은팥 250g
	소금 약간
	설탕 45g
	계핏가루 2g

1. 깨끗이 씻어 조리질한 붉은팥을 냄비에 넣은 후 물을 넉넉히 붓고 끓이다가 끓어오르면 물을 쏟아 버려 주세요. 팥에 탄닌 성분이 있어서 떫은맛이 날 수 있어요.

2. 다시 팥의 3~4배 정도의 물을 부어 푹 무르게 삶아 주세요.

3. 삶은 팥을 체에 내려 껍질을 걸러 내 주세요.

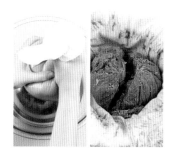

4. 체에 내린 팥을 면포로 싸서 물기를 짜 주세요.

5. 물기를 짠 팥에 소금을 넣고 약 중불로 보슬보슬해질 때까지 볶아 주세요.

6. 마지막으로 설탕과 계핏가루를 넣고 살짝 볶아 주세요.

거피팥고물 만들기

완성된 거피팥고물 1kg 분량 | 거피팥 500g
소금 6g

1. 거피팥은 2~3시간 이상 물에 불려 주세요.

2. 불린 거피팥은 손으로 비벼 껍질을 벗겨 주세요.

3. 껍질을 벗긴 팥을 맑은 물에 헹구며 조리질하여 껍질을 걸러 내주세요.

4. 찜기에 젖은 면포를 깔고 거피팥을 넣은 후 40~60분간 쪄 주세요. 손으로 팥을 만졌을 때 잘 으깨지면 다 익은 것이에요.

5. 익은 거피팥을 큰 볼에 쏟아 소금을 넣고 고루 섞어 주세요.

6. 굵은체(어레미)에 내려 고운 고물을 만들어요. 한 김 식힌 다음 한 번 사용할 분량으로 나눠 냉동실에 보관해요.

보관 및 사용
1. 한 번 사용할 분량만큼 나눠 꼭 냉동실에 보관하세요.
2. 사용하기 전에는 고물을 미리 꺼내 놓아 해동해 주세요.

통녹두고물 만들기

완성된 통녹두고물 500g 분량 | 깐 녹두 250g
| 소금 3g

1. 깐 녹두는 2~3시간 이상 물에 불려 주세요.

2. 불린 깐 녹두는 손으로 비벼 남은 껍질을 벗겨 주세요.

3. 껍질을 벗긴 녹두를 맑은 물에 헹구며 조리질하여 껍질을 걸러내 주세요.

4. 찜기에 젖은 면포를 깔고 깐 녹두를 넣어 주세요.

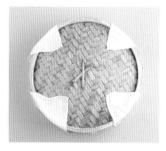

5. 뚜껑을 닫고 40~60분간 쪄 주세요. 손으로 만졌을 때 잘 으깨지면 다 익은 것이에요.

6. 익은 녹두를 큰 볼에 쏟아 소금을 넣고 잘 섞어 주세요.

봄

추운 겨울이 가고 맛있는 재료가 하나둘 나오기 시작하는 봄에는
쑥만 있어도 맛있는 떡을 만들 수 있어요. 자색고구마와 단호박으로
예쁜 제비꽃 모양의 절편을 만들어 봄기운을 느껴 보세요.

잣설기

잣은 예로부터 불로장생의 식품으로 알려져 있어요. 흰 무리떡에 고소한 잣을 넣어 맛과 향을 더했어요. 잣과 대추, 호박씨 등으로 고명을 놓아 떡을 조금 더 맛있고 예쁘게 만들어요.

재료	멥쌀가루 430g 물 65~75g 잣 40g 설탕 50g

도구
사각 무스링 1호(가로 15cm×세로 15cm×높이 5cm)
치즈 그레이터
스크래퍼
칼
핀셋
떡도장

장식
잣
대추
호박씨

1 잣을 치즈 그레이터로 갈아 준 후 키친타월 위에 놓고 기름을 빼 주세요. 혹은 도마 위에 한지를 깔고 칼로 곱게 다져 주세요.

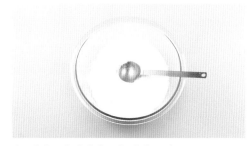

2 쌀가루에 분량의 물을 넣어 주세요.

3 쌀가루와 물을 고루 비벼 주세요.

4 체에 한두 번 내려 주세요.

5 쌀가루에 잣가루를 넣은 후 고루 섞어 주세요.

6 5의 쌀가루에 설탕을 넣고 고루 섞어 주세요.

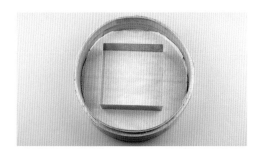

7 찜기에 시루밑과 무스링을 얹어 주세요.

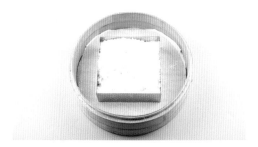

8 링 안에 쌀가루를 넣어 주세요.

9 쌀가루 윗면은 스크래퍼로 평평하게 정리해 주세요.

10 칼을 수직으로 넣어 칼금을 그어 주세요.

11 떡도장으로 쌀가루를 지그시 눌러 주세요.

12 혹은 잣과 호박씨, 채 썬 대추로 고명을 얹어 주세요.

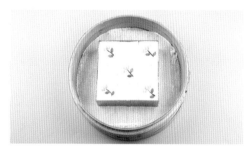

13 김 오른 물솥에 찜기를 올려 20~25분간 쪄 주세요.

14 떡이 다 되면 무스링을 빼 주세요.

Tip

떡이 다 익은 후에 무스링을 빼 줘도 되지만 떡을 5분 정도 찐 후에 무스링을 빼고 마저 떡을 찌면 떡의 옆면에 가루가 날리는 것을 방지할 수 있어요.

02

말차딸기 동글이

봄이면 언제나 눈에 띄는 딸기와 초록의 싱그러움이 가득한 말차를 넣어 떡 케이크를 만들어 보았어요. 떡을 롤케이크처럼 동글게 말기 어렵다면 떡 가운데에 구멍을 내어 만들어 보세요.

**재료
(3개 분량)**

멥쌀가루 180g
찹쌀가루 20g
말차가루 6g
물 30~35g
설탕 25g

생크림 100g
설탕 10g
연유 10g
딸기

도구

미니 원형 무스링
(지름 7.5cm×높이 3.5cm 3개 / 지름 4.5cm×높이 3.5cm 1개)
스크래퍼
짤주머니
떡비닐
핸드믹서

1 쌀가루에 분량의 말차가루를 넣어 고루 섞어 주세요.

2 쌀가루에 분량의 물을 넣어 주세요.

3 쌀가루와 물을 고루 섞어 비벼 주세요.

4 체에 한 번 내려 주세요.

5 4의 쌀가루에 설탕을 넣고 고루 섞어 주세요.

6 링 안에 쌀가루를 넣고 윗면은 스크래퍼로 평평하게 정리해 주세요.

7 틀 가운데에 작은 무스링을 바닥까지 넣었다가 빼 주세요.

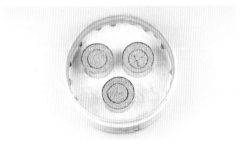

8 김 오른 물솥에 찜기를 올려 20분간 쪄 주세요.

9 딸기는 깨끗이 씻어 위아래를 잘라 주세요.

10 생크림에 설탕과 연유를 넣고 핸드믹서로 단 단하게 올려 주세요.

11 짤주머니에 생크림을 넣어 주세요.

12 다 쪄진 떡은 한 김 식힌 후에 가운데 떡을 빼 놓으세요.

13 떡의 바닥면에 떡비닐을 받친 후 가운데에 생 크림을 채워 주세요.

14 생크림 가운데에 준비한 딸기를 넣어 주세요.

 Tip

– 딸기는 떡의 높이와 같은 높이로 잘라 준비해 주세요.
– 딸기를 넣을 때 떡이 살짝 늘어나니 생크림은 가득 채워도 괜찮아요.

03

딸기떡바

새콤달콤한 딸기로 수분을 주고 딸기 잼도 넣었어요. 화이트초콜릿으로 코팅을 하여 전체적으로 새콤달콤하게 먹을 수 있는 떡이에요. 나무 막대를 꽂아 아이의 손에 쥐어 주면 맛있게 먹어요.

재료

멥쌀가루 220g
찹쌀가루 55g
딸기 퓌레 45~50g
설탕 20g
딸기잼 30g

마무리 : 코팅용 화이트초콜릿 100g
　　　　동결건조 딸기 다이스 30g

도구

사각 무스링 1호(가로 15cm×세로 15cm×높이 5cm)
손잡이 스크래퍼
칼
나무 막대

1 멥쌀가루와 찹쌀가루를 고루 섞어 준 후 분량의
딸기 퓌레를 넣어 주세요.

2 쌀가루와 물을 고루 섞어 비벼 주세요.

3 체에 한 번 내려 주세요.

4 분량의 설탕을 고루 섞어 주세요.

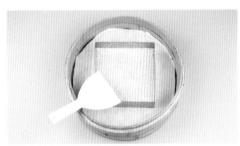

5 (찜기에 시루밑을 깔고 무스링을 넣고) 무스링에 쌀가루
를 절반만 넣은 후 표면을 매끄럽게 정리해 주세
요.

6 사진처럼 8등분으로 나눠 스크래퍼로 살짝 표시
해 주세요.

7 각 칸의 가운데에 손가락으로 지그시 눌러 기다
란 홈을 만들어 주세요.

8 그 안에 딸기잼을 조금씩 넣어 주세요.

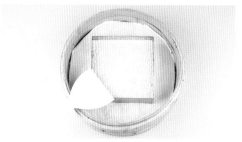

9 그 위로 다시 남은 쌀가루를 넣어 준 후 표면을
매끄럽게 정리해 주세요.

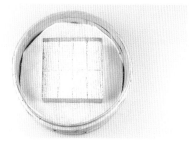

10 8등분해서 칼금을 그어 주세요.

11 김 오른 물솥에 올려 20분간 찌고 5분간 뜸 들
여 주세요.

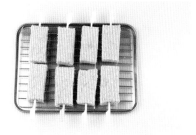

12 다 익은 떡은 꺼내어 식혀 준 후 아이스크림
나무 막대를 꽂아 주세요.

13 떡을 한 김 식히는 동안 초콜릿을 중탕해서 녹
여 주세요.

14 중탕한 초콜릿을 한 김 식힌 떡 위에 얇게 발
라 주세요.

15 동결건조 딸기 다이스를 고루 묻혀 주세요.

04

등태떡

거피팥 소를 등에 업은 모양의 떡이에요. '태를 둘렀다.', '등에 업고 있는 듯
하다.' 해서 등태떡이라는 이름이 붙었어요. 소는 보통 떡 안에 넣는데 이렇
게 떡 위아래로 붙일 수도 있어요. 쑥 향 가득 쫄깃한 인절미와 담백한 거피
팥 소가 잘 어우러져요.

재료	찹쌀가루 300g 물 25~35g 설탕 35g 삶은 쑥 75g 고물 : 거피팥 125g 　　　소금 1.5g 　　　꿀 30~40g 　　　설탕 25g 　　　계핏가루 1~2g
도구	밧드(가로 12cm×세로 17cm×높이 2.5cm) 절구방망이 면장갑 비닐장갑 위생비닐팩

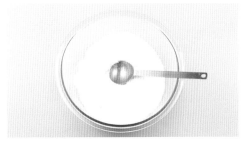

1 쌀가루에 분량의 물을 넣어 주세요.

2 쌀가루와 물을 고루 섞어 비벼 주세요.

3 분량의 설탕을 넣고 고루 섞어 주세요.

4 찜기에 젖은 면포를 깔고 설탕 1큰술(분량 외)을 고루 뿌려 주세요.

5 3의 쌀가루를 가볍게 주먹 쥐어 안친 후 김 오른 물솥에 찜기를 올려 18분간 쪄 주세요.

6 쌀가루 위에 삶은 쑥을 넣은 후 2분간 더 쪄 주세요.(삶은 쑥이 없을 때는 쑥가루 5g을 1의 과정에서 넣어 주세요.)

7 떡이 다 익으면 장갑을 낀 후 포도씨유(분량 외)를 살짝 바르고 한 덩어리로 만들어 주세요.

8 밧드에 비닐을 깐 후 거피팥고물을 절반만 깔아 주세요.

9 그 위로 7의 떡을 올려 1.5~2cm 두께로 펴 주세요.

10 떡 위에 남은 거피팥 고물 절반을 다시 고르게 펴서 덮어 주세요.

11 떡을 한 김 식혀 주세요.

12 스크래퍼로 한 입 크기로 잘라 주세요.

  Tip

떡이 들러붙지 않게 하기 위해서는 포도씨유를 한 방울 발라 주면 됩니다.
떡 반죽을 만질 때는 뜨거우니 면장갑 위에 비닐장갑을 끼세요.

등태떡 고물

1 거피팥을 깨끗이 씻은 후 2~3시간 물에 불려 주세요.

2 불린 거피팥을 양손으로 비벼 껍질을 깨끗이 벗겨 내 주세요.

3 흐르는 물에 헹궈 껍질을 버려 주세요.

4 찜기에 면포를 깐 후 40~60분간 쪄 주세요.

5 팥알이 커지고 손으로 으깼을 때 으깨지면 다 익었어요.

6 볼에 뜨거운 거피팥과 분량의 소금, 설탕을 넣은 후 고루 섞어 주세요.

7 설탕이 녹으면 꿀과 계핏가루를 넣고 절구로 찧어 주세요.

05

팥구름떡

구름이 흘러가는 모양을 닮았다 하여 구름떡이라는 이름이 붙었어요. 흑임
자 고물로도 만들지만 팥가루로 구름떡을 만들 수도 있어요. 팥가루를 만드
는 것이 조금 까다롭지만 꼭 한 번 맛보았으면 하는 떡이에요.

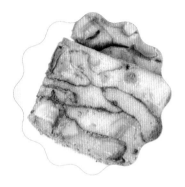

재료

찹쌀가루 500g
물 70~75g
설탕 65g
호두 25g
잣 10g
대추 5개
밤 5개

마무리 : 팥가루 70g(21쪽 참고)
설탕물 or 묽은 꿀 약간

도구

구름떡 틀(가로 5cm×세로 20cm×높이 7cm)
위생 비닐팩
면장갑
비닐장갑

1 호두는 잘게 자르고 밤은 약 6~8등분, 대추는 돌려 깎아 씨를 뺀 후 8등분해 주세요.

2 찹쌀가루에 분량의 물을 넣은 후 고루 비벼 주세요.

3 체에 한 번 내려 주세요.

4 분량의 설탕을 고루 섞어 주세요.

5 4의 찹쌀가루에 호두, 잣, 대추, 밤을 넣어 고루 섞어 주세요.

6 찜기에 젖은 면포를 깔고 설탕 1큰술(분량 외)을 고루 뿌려 주세요.

7 5의 쌀가루를 가볍게 주먹 쥐어 안쳐 주세요.

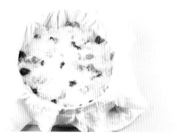

8 김 오른 물솥에 찜기를 올려 25~30분간 쪄 주세요.(*뜸 들이지 않아요.)

9 떡이 익는 동안 구름떡 틀에 비닐을 씌워 놓아 주세요.

10 다 익은 떡은 장갑을 낀 후 포도씨유(분량 외)를 살짝 바르고 한 덩어리로 만들어 주세요.

11 떡 반죽 표면이 매끄러워질 때까지 떡을 늘렸다 반으로 접었다 해 주세요.

12 매끄러워진 반죽은 비닐을 씌운 밧드에 놓고 마르지 않도록 비닐을 덮어 주세요.

13 떡을 조금씩 떼어 팥가루를 묻혀 주세요.

14 비닐을 씌워 둔 틀에 안쪽부터 차곡차곡 넣어 주세요.

15 맨 아래 바닥 면부터 떡으로 꼼꼼히 채워 주세 요.

16 팥가루가 너무 많으면 서로 붙지 않을 수 있으 니 설탕물(묽은 꿀)을 발라 주세요.

17 설탕물(묽은 꿀)을 너무 많이 바르지 않도록 주 의하세요.

18 그 위로 또 떡을 떼어 내 팥가루를 묻혀 차곡 차곡 넣어 주세요.

19 틀에 가득 차도록 떡을 넣어 주세요.

20 랩핑한 후 냉동실에서 30분~1시간 이상 굳혀
주세요.(썰기 좋게 하기 위해서예요. 떡이 식을 때까지
냉동실에 넣어 주세요.)

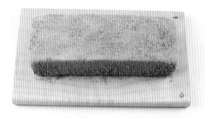

21 구름떡 틀이 차가워지면 꺼내어 랩을 벗겨 주
세요.

22 1cm 두께로 썰어 주세요.

Tip

– 설탕 30g, 물 30g을 넣어 설탕이 녹을 때까지 끓였다가 사용하세요.
– 떡을 찌는 동안 면장갑 위에 비닐장갑을 낀 후 떡이 붙지 않게 포도씨유를
한 방울 발라 주세요.

06

앙꼬절편

절편 반죽 안에 앙금을 넣고 절편 모양으로 잘라내어 만드는 떡이에요. 만들기도 쉽고 맛도 있어요. 직접 앙금을 만들어 넣으면 더 맛있어요.

재료
(약 15개 분량)

멥쌀가루 240g
찹쌀가루 60g
물 100~110g
삶은 쑥 30g
통팥앙금 200g(19쪽 참고)
포도씨유 1큰술 + 참기름 1큰술

도구

실리콘매트
떡도장
스크래퍼
면장갑
비닐장갑

1 쌀가루에 분량의 물을 넣어 고루 섞어 주세요.

2 찜기에 쌀가루를 안친 후 18분간 쪄 주세요.

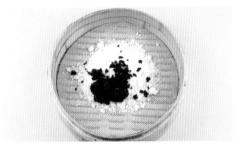

3 쌀가루 위에 삶은 쑥을 넣은 후 2분간 더 쪄 주세요.(삶은 쑥이 없을 때는 쑥가루 5g을 1의 과정에서 넣어 주세요.)

4 떡 찌는 동안 면장갑 위에 비닐장갑을 낀 후 포도씨유를 한 방울 발라 주세요.

5 다 쪄진 떡은 한 덩어리로 만들어 주세요.

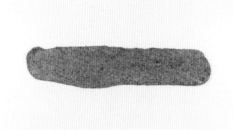

6 반죽을 반으로 나눈 후 밀대로 약 쪽 10cm, 길이 30cm 정도로 밀어 주세요.

7 팥앙금을 떡 위에 가늘고 길게 얹어 주세요.

8 절편 반죽을 잘 여며 주세요.

9 떡 반죽을 뒤집어 준 후 떡도장으로 꾹꾹 눌러
   주세요.

10 참기름과 포도씨유를 1:1로 섞은 후 고루 발라
   주세요.

11 스크래퍼로 잘라 주세요.

07

제비꽃 절편

투박함이 정감 있는 기존의 절편 모양 대신 절편 자체로만도 예쁜 떡을 만
들 수 있어요. 자색고구마의 보라색과 단호박가루의 노란 색감이 고운 떡이
에요.

재료

멥쌀가루 240g
찹쌀가루 60g
물 100~105g
단호박가루 약간
자색고구마가루 약간
포도씨유 1큰술 + 참기름 1큰술

도구

떡도장
스크래퍼
면장갑
비닐장갑

1 쌀가루에 분량의 물을 넣어 고루 섞어 주세요.

2 찜기에 쌀가루를 안친 후 김 오른 물솥에 찜기를 올려 20분간 쪄 주세요.

3 떡 찌는 동안 면장갑 위에 비닐장갑을 낀 후 포도씨유를 한 방울 발라 주세요.

4 다 쪄진 떡은 한 덩어리로 만들어 주세요.

5 흰 반죽 220g에 자색고구마가루를 넣고, 흰 반죽 40g에 단호박가루를 넣어 주세요.

6 보라색 반죽 220g, 흰색 반죽 120g, 노란색 반죽 40g을 만들어 주세요.(꽃반죽 두 덩어리 분량)

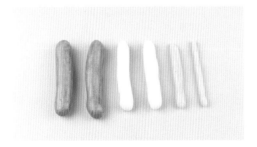

7 보라색 반죽 55g, 55g / 흰색 반죽 30g, 30g / 노란색 반죽 15g, 5g으로 나눠 가늘고 길게 만들어 주세요.

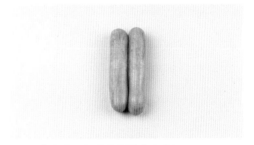

8 보라색 반죽을 나란히 붙여 주세요.

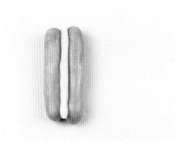

9 그 위쪽 사이에 노란색 반죽 5g을 넣어 주세요.

10 그 위로 하얀색 반죽 2개를 나란히 올려 주세요.

11 마지막으로 노란색 반죽 15g을 맨 위에 올려 주세요.

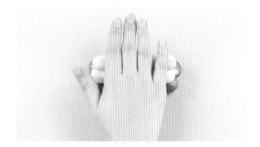

12 반죽을 한 덩어리가 되도록 손바닥으로 밀어 늘려 주세요.

13 스크래퍼로 잘라 주세요.

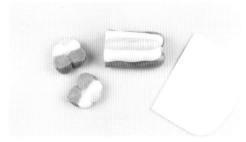

14 스크래퍼로 자른 후 꽃 모양이 나도록 다듬어 주세요.

15 떡도장으로 절편 가운데를 지그시 눌러 주세요.

16 참기름과 포도씨유를 1:1로 섞은 후 고루 발라 주세요.

08

딸기정과 & 키위정과

봄철에 나오는 딸기를 정과로 만들어 두면 다시 딸기가 나오기 전까지 1년 동안 딸기 맛을 즐길 수 있어요. 제철 과일로 정과를 만들어 두었다가 떡을 만들 때 재료로 쓰면 다양한 떡을 만들 수 있어요.

재료	딸기 키위 설탕

도구	칼 체 밧드 건조기

1 딸기는 깨끗이 씻어 준비해 주세요.

2 딸기는 5~7mm 두께로 약간 두툼하게 썰어 주세요.

3 믹싱볼 바닥에 딸기를 넓게 펴 주세요.

4 그 위로 설탕을 고루 뿌려 주세요.

5 다시 딸기를 넓게 펴 얹어 주세요.

6 딸기 위로 설탕을 고루 뿌려 주세요.

7 다시 딸기를 넓게 펴 얹어 주세요.

8 딸기 위로 설탕을 고루 뿌려 주세요.

9 설탕이 어느 정도 녹으면 주걱으로 살짝 저어 고루 섞이도록 해 주세요.

10 체에 밭쳐 수분을 빼 주세요.

11 식힘망에 차곡차곡 펴서 꾸덕꾸덕해질 때까지 건조시켜 주세요.

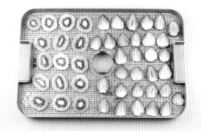

12 건조기에서 건조시켜도 좋아요.

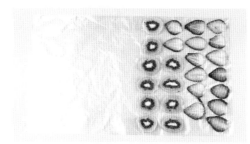

13 보관할 때에는 위생 비닐팩 절반까지 건조된 정과를 차곡차곡 놓아 주세요.

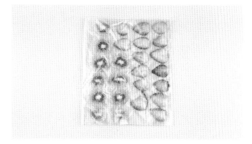

14 남은 절반으로 덮은 후 냉동 보관해 주세요.

 Tip 밧드에 설탕을 간 후 딸기를 차곡차곡 펴 주고 그 위로 설탕을 뿌린 후 설탕이 다 녹으면 건조시키는 방법도 있어요.

키위정과

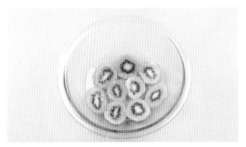

1 믹싱볼 바닥에 키위를 넓게 펴 주세요.

2 그 위로 설탕을 고루 뿌려 주세요.

3 다시 키위를 넓게 펴 얹어 주세요.

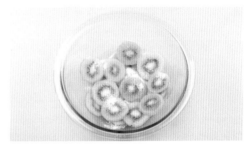

4 키위 위로 설탕을 고루 뿌려 주세요.

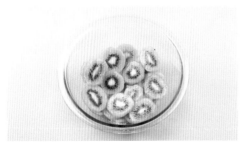

5 다시 키위를 넓게 펴 얹어 주세요.

6 키위 위로 설탕을 고루 뿌려 주세요.

7 설탕이 어느 정도 녹으면 주걱으로 살짝 저어 고
루 섞이도록 해 주세요.

8 체에 밭쳐 수분을 빼 주세요.

9 식힘망에 차곡차곡 펴서 꾸덕꾸덕해질 때까지
건조시켜 주세요.

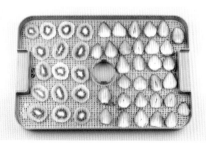

10 건조기에서 건조시켜도 좋아요.

Tip

키위가 수분이 많을 때에는 이 과정을 2~3번 반복해 주세요.

09

딸기정과설기 & 키위정과설기

백설기랑 비슷하지만 새콤달콤한 정과를 얹어 보기에도 예쁘고 맛도 좋은
설기가 되었어요.

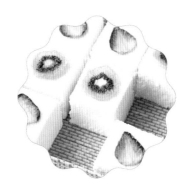

재료

멥쌀가루 450g
물 65~75g
딸기정과 50g
설탕 55g

도구

사각 무스링 1호(가로 15cm×세로 15cm×높이 5cm)
스크래퍼
칼

장식

딸기정과
키위정과

1 쌀가루에 분량의 물을 넣어 주세요.

2 쌀가루와 물을 고루 비벼 주세요.

3 체에 한두 번 내려 주세요.

4 3의 쌀가루에 설탕을 넣고 고루 섞어 주세요.

5 찜기에 시루밑과 무스링을 얹고 쌀가루를 넣어 주세요.

6 쌀가루 윗면은 스크래퍼로 평평하게 징리해 주세요.

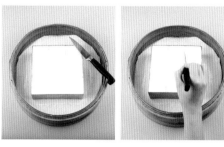

7 칼을 수직으로 넣어 칼금을 그어 9등분해 주세요.

8 김 오른 물솥에 찜기를 올려 20~25분간 쪄 주세요.

9 완성된 떡 가운데 위에 딸기정과(키위정과)를 조심스럽게 올려 주세요.

 Tip 홀케이크(원형 떡케이크)를 만들 때에는 쌀가루 1/2컵과 썰어 놓은 딸기정과를 고루 섞은 후 설기 중간에 넣어 주면 더 맛있어요. 조각 설기가 아닌 홀케이크로 만든다면 중간에 딸기정과를 넣어 주세요.

10

들깨강정

들깨에는 오메가3 지방산인 리놀렌산이 풍부하게 함유되어 어린이의 두뇌
발달, 노인의 치매 예방에 도움이 된다고 해요. 강정으로 만들어 두고 간식
으로 먹으면 좋아요.

재료

땅콩강정 : 시럽 35g
     땅콩분태 60g

들깨강정 : 시럽 50g
     볶은 들깨 60g

시럽 : 조청 140g
   설탕 50g
   물 10g

도구

강정틀(가로 20cm×세로 30cm×높이 0.8cm)
김발
밀대
위생비닐팩

1 팬에 분량의 시럽 재료를 넣어 설탕이 녹을 때까지 끓여 주세요.

2 팬에 1에서 만든 시럽 중 2.5큰술(약 35g)을 덜어 가운데가 끓어오를 때까지 끓여 주세요.

3 분량의 땅콩분태를 넣고 실이 보일 때까지 볶아 주세요.

4 김발 위에 비닐을 깐 후 3의 땅콩강정을 놓고 동그랗게 만들어 주세요.(길이 약 20cm, 지름 2.5cm)

5 다시 한 번 팬에 시럽 3.5큰술(약 50g)을 넣고 살짝만 끓여 주세요.

6 들깨를 넣어 주세요.

7 들깨가 실이 보일 때까지 볶아 주세요.

8 강정틀 위에 비닐을 깐 후 볶은 들깨를 넣고 밀대로 밀어 펴 주세요.

9 그 위로 4의 땅콩강정을 놓아 주세요.

10 김발로 말아 동그랗게 만들어 주세요.

11 약 5mm 두께로 썰어 주세요.

Tip

강정을 만들 때는 빨리 빨리 해야 동그랗게 만들 수 있어요.
지체되면 강정이 동그랗게 말리지 않아요.

• Part 2 •

여름

무더운 여름에는 쉽게 상할 수 있어서 집에서 떡을 잘 해 먹지 않지요.
그럴 때는 보기만 해도 더위가 싹 가시는 수박 모양의 강정을 만들어 시원한
오미자차를 곁들여 보세요. 더위를 한 방에 날려 버릴 수 있어요.

01

석이편

석이편은 허균의 『도문대작』에 나오는 떡으로 멥쌀가루에 고운 석이버섯 가루를 섞어 만들어요. 석이버섯에 함유된 유용한 성분은 우리 몸의 면역력 을 높여 주고 각종 성인병의 예방에도 도움을 준다고 해요.

재료

멥쌀가루 200g
석이버섯가루 8g
물 8g
꿀 5g
참기름 5g
물 65~75g
설탕 15g

도구

사각 무스링 1호(가로 15cm×세로 15cm×높이 5cm)
스크래퍼
칼

장식

검정깨 약간

1 분량의 석이버섯가루, 물, 참기름, 꿀을 준비해
주세요.

2 석이버섯가루에 물을 넣어 불린 후 참기름과 꿀
을 넣어 고루 섞어 주세요.

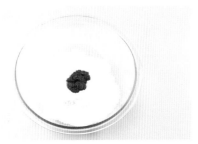

3 쌀가루에 2의 불린 석이버섯가루를 넣고 고루 섞
어 주세요.

4 수분을 확인해 보고 모자라면 물을 더 넣어 주세
요.

5 체에 한두 번 내려 주세요.

6 5의 쌀가루에 설탕을 넣고 고루 섞어 주세요.

7 링 안에 쌀가루를 넣어 준 후 윗면은 스크래퍼로 평평하게 정리해 주세요.

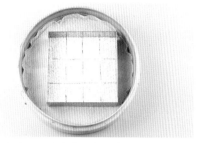

8 칼을 수직으로 넣어 칼금을 그어 주세요.

9 검정깨로 고명을 얹어 김 오른 물솥에 찜기를 올려 20~25분간 쪄 주세요.

Tip

전통적으로는 석이편 위의 고명으로 잣과 채 썬 석이버섯을 놓았어요.
다양하게 응용해 보세요.

02

수박설기

여름이면 언제나 생각나는 수박모양으로 떡을 만들어 보았어요. 설기를 찔 때 초코칩을 함께 넣어 찌면 아이들도 맛있게 먹는 떡이 되어요.

재료

흰색 : 멥쌀가루 90g, 찹쌀가루 10g
　　　물 15~17g, 설탕 12g

초록색 : 멥쌀가루 135g, 찹쌀가루 15g, 말차 5g
　　　　물 23g~26g, 설탕 18g

빨간색 : 멥쌀가루 600g, 찹쌀가루 50g, 홍국쌀가루 10g
　　　　라즈베리 퓌레 95~110g, 설탕 78g

도구

사각 무스링 2호(가로 18cm×세로 18cm×높이 7cm)
스크래퍼
자
칼

백설기(흰색 부분)

1 쌀가루에 분량의 물을 넣어 주세요.

2 쌀가루와 물이 고루 섞이도록 손으로 비벼 주세요.

3 쌀가루를 체에 한 번 내려 주세요.

4 분량의 설탕을 넣어 고루 섞어 주세요.

말차설기(초록색 부분)

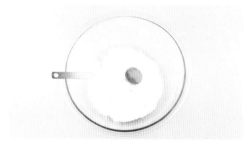

1 쌀가루에 분량의 말차가루를 넣어 고루 섞어 주세요.

2 쌀가루에 분량의 물을 넣어 고루 섞어 주세요.

3 쌀가루를 체에 한 번 내려 주세요.

4 분량의 설탕을 넣어 고루 섞어 주세요.

라즈베리설기(빨간색 부분)

1 쌀가루에 분량의 홍국쌀가루를 넣어 고루 섞어 주세요.

2 쌀가루에 분량의 라즈베리 퓌레를 넣어 고루 섞어 주세요.

3 쌀가루를 체에 한 번 내려 주세요.

4 분량의 설탕을 넣어 고루 섞어 주세요.

완성

1 링 안에 위에서 만든 말차쌀가루를 넣고 윗면은 스크래퍼로 평평하게 정리해 주세요.

2 그 위로 하얀 쌀가루를 올려 준 후 스크래퍼로 평평하게 정리해 주세요.

3 마지막으로 라즈베리쌀가루를 넣어 준 후 스크래퍼로 평평하게 정리해 주세요.

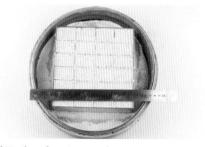

4 자를 대고 가로 4.5cm × 세로 3cm 크기로 칼금을 그어 주세요.

5 김 오른 물솥에 찜기를 올려 20분간 쪄 주세요.

6 떡을 한 김 식힌 후에 초코칩을 올려 주세요.

 Tip 쌀가루에 라즈베리 퓌레로 수분을 준 후 초코칩을 섞어도 좋아요. 다만 쌀가루에 초코칩을 섞으면 칼금 긋기가 쉽지 않아요.

03

토토로설기

애니메이션 주인공인 토토로를 떡으로 만들어 보았어요. 흑임자 고물로 떡을 만들고 생크림과 화이트초콜릿으로 가나슈를 만들어 넣어 흑임자를 싫어하는 분들도 맛있게 먹을 수 있어요.

재료

멥쌀가루 150g
찹쌀가루 20g
흑임자가루 30g
물 30~35g
설탕 20g

마무리 : 생크림 10g
　　　　화이트초콜릿 30g
　　　　초코펜(화이트, 블랙)

도구

실리콘 도넛 틀 7개
휘퍼
짤주머니

장식

다크 초코펜
화이트 초코펜

1 멥쌀가루와 찹쌀가루, 흑임자가루를 고루 섞어 주세요.

2 1의 쌀가루에 물을 넣어 주세요.

3 수분이 고루 퍼지도록 고루 섞어 비벼 주세요.

4 체에 한 번 내려 주세요.

5 분량의 설탕을 넣은 후 고루 섞어 주세요.

6 실리콘 도넛 틀에 쌀가루를 넣은 후 표면을 매끄럽게 정리해 주세요.

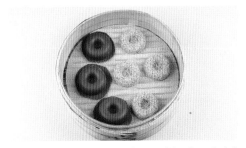

7 15분간 찌다가 장갑을 끼고 뚜껑을 열고 사진처럼 틀을 하나씩 뒤집어 놓아 주세요.

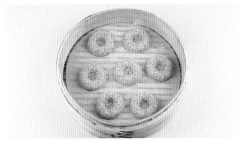

8 5분간 마저 쪄 주세요.

9 다 익은 떡은 식힘망에 올려 식혀 주세요.

10 생크림을 중탕으로 따뜻하게 데워 준 후 초콜릿을 넣어 주세요.

11 휘퍼로 섞어 초콜릿을 다 녹인 후 식혀 주세요.

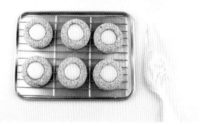

12 짤주머니에 11에서 만든 가나슈를 넣은 후 가운뎃부분에 짜 주세요.

13 시판 초코펜이나 짤주머니에 초콜릿 녹인 것을 넣은 후 눈과 수염 등을 그려 주세요.

Tip

– 도넛 틀 가운뎃부분에 구멍이 나지 않도록 쌀가루를 듬뿍 넣어 주세요.
– 떡과 가나슈가 충분히 식지 않으면 가나슈가 떡에 스며들 수 있으니 충분히 식혀 주세요.

04

무화과 흑미찰편

건조 무화과의 쫄깃함과 흑미의 구수함을 느낄 수 있는 찰떡이에요. 동글동
글한 건조 무화과가 예뻐서 모양도 새롭고 현대적으로 느껴지는 떡이에요.

재료
- 찹쌀가루 200g
- 찰흑미가루 200g
- 물 30~35g
- 설탕 50g
- 건무화과 5개
- 밤 5개
- 호두분태 20g
- 호박씨 20g

도구
- 사각 무스링 1호(가로 15cm×세로 15cm×높이 5cm)
- 면장갑
- 비닐장갑

1 건무화과를 물에 담가 부드럽게 불려 주세요.

2 밤은 4~6등분. 불린 무화과는 반으로 잘라 주세요.

3 찹쌀가루와 찰흑미가루를 고루 섞은 후 분량의 물을 넣고 고루 섞어 비벼 주세요.

4 체에 한 번 내려 주세요.

5 분량의 설탕을 넣은 후 고루 섞어 주세요.

6 5의 쌀가루에 밤과 호두분태를 넣고 섞어 주세요.

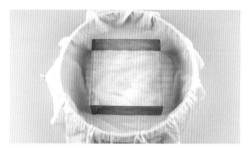

7 젖은 면포를 깐 찜기에 무스링을 올려 주고 설탕 (분량 외)을 뿌려 주세요.

8 반으로 자른 무화과를 사진처럼 뒤집어 넣어 주고 호박씨로 빈 공간을 채워 주세요.

9 무스링에 6의 쌀가루를 넣어 고루 펴 주세요.

10 김 오른 물솥에 찜기를 올려 25분간 쪄 주세요.

11 떡이 다 익으면 무스링을 제거한 후 윗면에 포도씨유(분량 외)를 살짝 발라 주세요.

12 비닐을 올리고 밧드를 덮어서 뒤집어 주세요.

13 뒤집은 후 윗면에도 포도씨유(분량 외)를 살짝 발라 주세요.

05

완두배기 팥시루떡

좋은 팥을 삶아 내고 달콤한 완두배기를 넣어 만드는 시루떡이에요. 시루떡은 멥쌀로만도 만들 수 있고, 찹쌀로만도 만들 수 있고, 찹쌀이랑 멥쌀을 반반 섞어서 만들어도 좋아요.

재료
찹쌀가루 400g
물 28~30g
설탕 50g
시판 완두배기 100g
붉은팥고물 250g(18쪽 참고)

도구
사각 무스링 1호(가로 15cm×세로 15cm×높이 5cm)
스크래퍼

1 시판 완두배기는 뜨거운 물에 10분간 담가 단맛
을 빼 주세요.

2 1의 완두배기는 체에 밭쳐 수분을 제거해 주세
요.

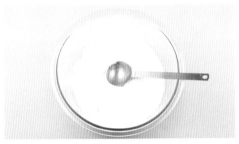

3 쌀가루에 분량의 물을 넣어 주세요.

4 쌀가루와 물을 고루 섞어 비벼 주세요.

5 체에 한 번 내려 주세요.

6 분량의 설탕을 넣고 고루 섞어 주세요.

7 찜기에 시루밑을 깔고 무스링을 넣은 후 바닥이
보이지 않도록 팥고물을 깔아 주세요.

8 그 위로 쌀가루의 절반만 넣어 주세요.

9   2의 완두배기에 쌀가루를 1/2컵만 넣어 고루 섞어 주세요.

10   8의 쌀가루 위에 9의 완두배기를 고루 뿌려 넣어 주세요.

11   남은 쌀가루로 윗면을 덮어 스크래퍼로 정리해 주세요.

12   남은 팥고물을 찹쌀가루 위에 고루 뿌려 넣어 주세요.

13   젓가락으로 군데군데 구멍을 살짝 만들어 주세요.

14   김 오른 물솥에 찜기를 올려 25~30분간 쪄 주세요.

Tip

시판 완두배기를 뜨거운 물에 담갔다가 빼 주면 단맛이 많이 줄어들어요.

06

인삼 약식

일반적으로 알고 있는 약식과는 조금 다르게 인삼을 우려내어 만든 약식이에요. 몸이 허해지는 여름에 만들어 두고 식사 대용으로 먹으면 좋아요. 인삼의 향과 찹쌀의 쫄깃함이 잘 어우러져요.

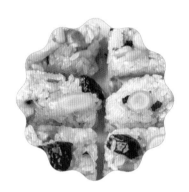

재료

찹쌀 1kg(불린 찹쌀 1.4kg)

소금 12g

밤 10개

대추 15개

인삼 3뿌리(약 70g)

잣 20g

꿀 45g

인삼 시럽 : 유기농(비정제) 설탕 200g

물 200g

1 찹쌀은 깨끗이 씻어 5시간 정도 불려 주세요.

2 물기를 뺀 다음 찜기에 면포를 깔고 쌀이 무르도록 30분간 쪄 주세요.

3 밤은 껍데기를 벗겨 4~6등분, 대추는 씨를 발라낸 후 3~6조각으로 잘라 주세요.

4 인삼은 깨끗이 씻은 후 뇌두를 자르고 어슷썰기해 주세요.

5 설탕 200g과 물 1컵을 팬에 넣고 약불에서 젓지말고 끓여 주세요.

6 설탕이 다 녹을 때까지 끓여 주세요.

7 설탕이 다 녹으면 인삼을 넣어 가장자리가 투명해질 때까지 끓여 주세요.

8 다 익은 찹쌀은 볼에 넣은 후 7의 인삼 시럽을 부어 주세요.

9 찹쌀에 시럽이 스며들 수 있도록 충분히 저어 주세요.

10 분량의 소금을 넣어 고루 섞어 주세요.

11 밤, 대추, 잣을 넣고 고루 섞어 주세요.

12 젖은 면포를 덮어 1~2시간 충분히 휴지시켜 주세요.

13 찜기에 젖은 면포를 깐 후 12의 약식 재료를 넣고 다시 30분간 쪄 주세요.

14 쪄진 약식을 볼에 넣은 후 꿀을 넣고 고루 섞어 주세요.

15 참기름을 넣고 다시 한 번 고루 섞어 주세요.

16 높이가 있는 사각 밧드나 틀에 넣어 모양을 잡아 주세요.

07

꿀떡

찹쌀을 익반죽해서 뜨거운 물에 삶아 만든 경단에 조청과 흑설탕으로 만든
시럽을 부어 먹는 떡이에요. 말랑말랑한 떡과 시럽이 잘 어우러져요.

재료

찹쌀 200g
뜨거운 물 30~40g

소 : 해바라기씨 20g
　　호박씨 20g
　　땅콩분태 20g
　　호두분태 20g
　　흑설탕 10g

시럽 : 물 100g
　　　흑설탕 50g
　　　조청 15g
　　　계핏가루 2g
　　　소금 한 꼬집

1 분량의 재료를 팬에 넣고 설탕이 녹고 살짝 끓어
  오를 때까지 끓여 주세요.

2 설탕이 다 녹으면 계핏가루를 넣고 고루 섞어 준
  후 불에서 내려 주세요.

3 볼에 해바라기씨, 호박씨, 땅콩분태, 호두분태 등
  견과류와 흑설탕을 넣어 고루 섞어 주세요.

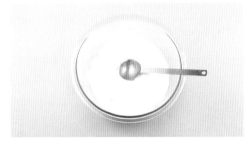

4 찹쌀가루에 뜨거운 물을 넣은 후 숟가락으로 고
  루 섞어 주세요.

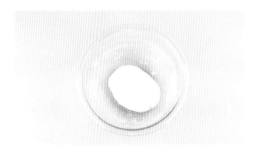

5 반죽을 치대어 한 덩어리로 만들어 수세요.

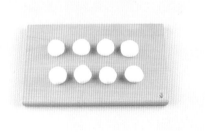

6 반죽을 15g씩 소분해 주세요.

7 반죽에 3에서 만든 소를 넣고 잘 오므린 후 동그
   랗게 빚어 주세요.

8 물이 펄펄 끓으면 빚은 떡을 넣어 주세요.

9 동동 떠오르면 그 상태로 30초~1분간 더 끓여
   주세요.

10 찬 물을 준비해 두었다가 9의 떡을 건져 넣어
    주세요.

11 떡을 접시에 옮긴 후 꿀떡 시럽을 부어 주세요.

08

수박강정

백년초가루와 말차가루로 색을 낸 수박 강정이에요. 원형틀 2개만 있으면
쉽고 간단하게 만들 수 있어요. 기존의 강정 모양이 아닌 새로운 모양으로
만들어서 선물해 보세요. 받는 분이 아주 좋아할 거예요.

재료

분홍색 : 쌀뻥튀기 90g
　　　　물엿 55g
　　　　설탕 35g
　　　　물 5g
　　　　백년초가루 2g

초록색 : 쌀뻥튀기 30g
　　　　물엿 18g
　　　　설탕 13g
　　　　물 2g
　　　　말차가루 2g

도구

분홍색 : 원형 무스링 2호(지름 18cm)
초록색 : 원형 무스링 3호(지름 21cm)
테프론시트

1 팬에 분량의 물엿, 설탕, 물, 백년초가루를 넣고
약한 불로 설탕을 녹여 주세요.

2 백년초가루를 고루 섞은 후 시럽이 살짝 끓어오
를 때까지 가열해 주세요.

3 쌀뻥튀기를 넣어 주세요.

4 시럽이 고루 묻고 쌀뻥튀기 사이사이에 실이 보
일 때까지 저어 주세요.

5 바닥에 테프론시트를 깔고 무스링 2호를 얹은 후
4의 쌀뻥튀기를 넣어 주세요.

6 윗면이 고르도록 눌러 주세요.

7 무스링 2호를 뺀 후 중심을 맞춰 무스링 3호를
놓아 주세요.

8 팬에 분량의 물엿, 설탕, 물, 말차가루를 넣고 약
한 불로 설탕을 녹여 주세요.

9 시럽이 살짝 끓어오르면 쌀뻥튀기를 넣은 후 사이사이에 실이 보일 때까지 저어 주세요.

10 분홍색 쌀뻥튀기와 3호 무스링 사이에 초록색 강정을 넣어 주세요.

11 테두리를 꾹꾹 눌러 표면이 평평하도록 만들어 주세요.

12 튀어나온 쌀뻥튀기가 없도록 고루 눌러 주세요.

13 무스링을 빼 주세요.

14 8등분하여 수박모양으로 잘라 주세요.

Tip

강정이 덜 식었을 때 자르면 잘 잘리지 않고 너무 식었을 때 자르면 부서질 수 있어요.
손으로 만져 약간 따뜻할 때 잘라 주세요.

09

오미자차

오미자는 단맛, 신맛, 매운맛, 짠맛, 쓴맛의 5가지 맛이 나요. 그중에서 특히 신맛이 강해 꿀이나 설탕 시럽을 타 먹으면 새콤달콤하게 즐길 수 있어요. 무 더운 여름날 갈증 날 때 마시면 더위가 싹 날아가는 기분을 느낄 수 있어요.

재료

건오미자 50g
물 500g

설탕 시럽 : 물 400g
　　　　　 설탕 150g
　　　　　 꿀 50~100g

1 건오미자에 물을 넣어 8~10시간 충분히 우려 주세요.

2 면포를 두 겹으로 해서 체에 밭쳐 오미자를 걸러 주세요.

3 물과 설탕을 넣어 젓지 말고 끓여 설탕을 녹여 주세요.

4 설탕이 다 녹으면 꿀을 넣고 섞어 주세요.

5 체에 밭쳐 놓은 오미자 국물에 4의 시럽을 넣어 섞어 주세요.

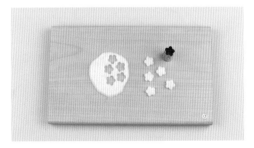

6 배를 얇게 썬 후 매화 고명틀로 찍어 내 오미사 차 위에 띄워 주세요.

건오미자는 뜨거운 물에 우려낼 경우 오미자의 좋은 성분들이 우러나질 않아요.
찬물에 우려내고 완성된 오미자차는 냉장실에 넣어 차갑게 해서 먹어요.
여름에는 복숭아나 수박 등의 과일을 넣어 오미자 화채로 만들어 먹어도 좋아요.

• Part 3 •

가을

가을은 햇곡식과 햇과일로 떡을 해 먹기 좋은 계절이에요. 신과병이라는
떡은 말 그대로 새로운 과일로 만든 떡으로 가을에 안성맞춤이지요.
밤, 감, 대추, 사과, 생강 등등 햇과일로 맛있는 떡을 만들어 보세요.

신과병

가을에 만들어 먹는 햇과실떡이에요. 멥쌀가루에 햇곡식, 햇과일을 넣고 통
녹두고물을 얹어 만들어요.

재료

멥쌀가루 400g

설탕에 절인 단감을 체에 밭쳐 내린 물 65~75g

설탕 50g(분량 외 1큰술)

단감 1개

밤 5개

대추 5개

울타리콩 60g

설탕 55g

통녹두고물 250g(23쪽 참고)

도구

원형 무스링 2호(지름 18cm×높이 6cm)

1 단감을 적당한 크기로 슬라이스한 후 설탕 1큰술 (분량 외)을 넣고 고루 섞어 주세요.

2 설탕에 절인 단감을 체에 밭쳐 물을 내려 주세요.

3 밤은 4~6등분, 대추 3~6등분 크기로 잘라 주고 울타리콩은 깨끗이 씻어 주세요.

4 쌀가루에 2에서 체에 내린 수분을 넣어 고루 섞어 주세요. 부족할 경우 물을 더 넣어 주세요.

5 체에 한두 번 내려 주세요.

6 체에 내린 쌀가루에 단감, 밤, 대추, 울타리콩을 모두 넣어 주세요.

7 6의 쌀가루에 설탕을 넣고 고루 섞어 주세요.

8 무스링 안에 통녹두고물을 깔아 주세요.

9 7의 쌀가루를 넣어 주세요.

10 다시 윗면에 통녹두고물로 덮어 준 후 김 오른
물솥에서 20분간 쪄 주세요.

02

사과설기

사과가 많이 생산되는 충북 지역에서 주로 만들어 먹던 향토떡이에요. 사과의 새콤함이 설기와 아주 잘 어울려요.

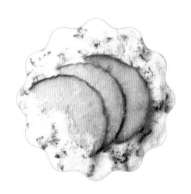

재료

멥쌀가루 350g

물 52~60g

설탕 40g

사과정과 35g(145쪽 참고)

대추 5개

콩 15g

잣 5g

도구

원형 무스링 1호(지름 15cm×높이 5cm)

1 대추와 사과정과는 잘게 잘라 주고 잣과 울타리 콩을 준비해 주세요.

2 쌀가루에 분량의 물을 넣어 주세요.

3 쌀가루와 물을 고루 섞어 비벼 주세요.

4 체에 한두 번 내려 주세요.

5 4의 쌀가루에 설탕을 넣고 고루 섞어 주세요.

6 5의 쌀가루에 사과정과, 대추, 콩, 잣을 넣고 섞어
주세요.

7 링 안에 쌀가루를 넣고 윗면은 스크래퍼로 정리
한 후 반으로 자른 사과정과를 올려 주세요.

8 김 오른 물솥에 찜기를 올려 20분간 쪄 주세요.

03

밤단자

손이 많이 가는 고급 떡이에요. 궁중이나 반가에서 추석 때 시절식으로 차례상에 올리고 겨울철 다과상에 올리기도 했어요.

재료

찹쌀가루 200g
물 30g
설탕 25g

소 : 밤 12~15개(체에 내린 밤 160~170g)
　　꿀 35~45g, 계핏가루 1~2g

고물 : 잣가루 35g

도구

중간체
스크래퍼

장식

대추
호박씨

1 밤을 찜기에 30분간 쪄 주세요.

2 잘 쪄진 밤을 갈라 속을 파내고 체에 내려 주세요.

3 체에 내린 밤에 꿀을 넣고 섞어 주세요.

4 3의 반죽에 계핏가루를 넣고 섞어 주세요.

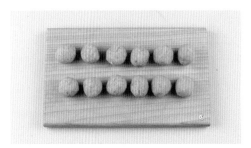

5 반죽을 15g으로 나누어 동그랗게 빚어 주세요.

6 찹쌀가루에 분량의 물을 넣은 후 고루 비벼 주세요.

7 체에 한 번 내려 주세요.

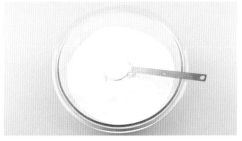

8 분량의 설탕을 넣고 고루 섞어 주세요.

9 찜기에 젖은 면포를 깔고 설탕 1큰술(분량 외)을 고루 뿌려 주세요.

10 8의 쌀가루를 가볍게 주먹 쥐어 안쳐 주세요.

11 김 오른 물솥에 찜기를 올려 25~30분간 쪄 주세요.

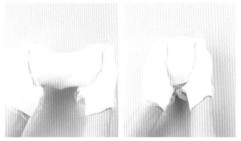

12 다 익은 떡은 장갑을 낀 후 포도씨유(분량 외)를 바르고 한 덩어리로 만들어 주세요.

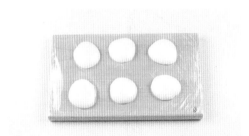

13 도마에 비닐이나 랩을 깔고 반죽을 15g으로 나누어 주세요.

14 13의 반죽에 5에서 만든 소를 넣고 잘 오므려 주세요.

15 대추와 호박씨를 장식해 준 후 잣가루에 굴려 주세요.

16 잣가루를 묻힌 떡을 동그랗게 만들어 주세요.

04

잡과단자

단자는 예로부터 궁중에서 웃기떡으로 많이 쓰인 고급 떡이에요. 잡과단자에는 '잡'이란 단어로 짐작할 수 있듯 대추, 밤, 석이버섯, 곶감 등 여러 종류의 고물이 필요해요.

재료

찹쌀가루 200g
물 30g
설탕 20g

소 : 거피팥고물 150g(22쪽 참고)
　　꿀 20~30g

고물 : 잣 10g
　　　대추 10개
　　　밤 5개
　　　석이버섯 1장
　　　곶감 1개
　　　꿀 20g

도구

치즈 그레이터
면포

잡과단자 고물 만들기

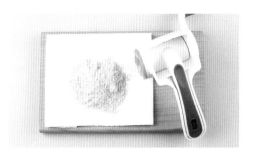

1 잣을 치즈 그레이터로 갈아 준 후 키친타월 위에 놓고 기름을 빼 주세요. 혹은 도마 위에 한지를 깔고 칼로 곱게 다져 주세요.

2 대추는 씨를 제거한 후 채 썰어 주세요.

3 밤은 껍데기를 벗겨 가늘게 채 썰어 주세요.

4 석이버섯은 뜨거운 물에 불린 후 깨끗이 씻어 가늘게 채 썰어 주세요.

5 넌포를 깔고 채 썬 밤, 대추, 석이버섯을 올려 주세요.

6 찜기 뚜껑으로 덮어 주세요.

7 사진처럼 면포를 묶어 주세요.

8 김 오른 물솥에 찜기를 올린 후 불을 끄고 1~2분 간 뜸 들여 주세요.

9 면포를 조심히 풀어 주세요.

10 뜸 들인 고물을 한데 모아 조심스럽게 섞어 주세요.

11 곶감은 씨를 발라내고 채 썰어 주세요.

잡과단자 소 만들기

1 체에 내린 거피팥고물에 꿀을 넣어 주세요.

2 고물과 꿀이 잘 섞이도록 치대 주세요.

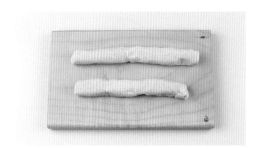

3 잘 섞인 고물을 손가락 두께로 가늘고 길게 만들어 주세요.

떡 만들기

1 찹쌀가루에 분량의 물을 넣은 후 고루 비벼 주세요.

2 체에 한 번 내려 주세요.

3 2의 쌀가루에 설탕을 넣고 고루 섞어 주세요.

4 찜기에 젖은 면포를 깔고 설탕 1큰술(분량 외)을 고루 뿌려 주세요.

5 3의 쌀가루를 가볍게 주먹 쥐어 안쳐 주세요.

6 김 오른 물솥에 찜기를 올려 25~30분간 쪄 주세요.

7 다 익은 떡은 장갑을 낀 후 한 덩어리로 만들어 주세요.

8 밧드에 비닐을 깐 후 떡을 올려 0.5cm 두께로 펴 주세요.

9 소를 펴 준 떡 위에 올려 주세요.

10 떡으로 소를 김밥 싸듯 말아 주세요.

11 소를 말고 남은 부분은 스크래퍼로 잘라 주세 요.

12 남은 떡 부분에 소를 올려 10과 동일하게 말아 주세요.

13 떡 겉면에 꿀을 발라 주세요.

14 손질해 둔 고물을 고루 묻혀 주세요.

15 밧드에 옮겨 담고 채 썬 곶감을 올리고 잣가루
를 고루 뿌려 주세요.

05

감송편 & 잎송편

추석 하면 떠오르는 음식에서는 송편이 빠지지 않아요. 동글동글한 감송편
은 앙증맞고 귀여워 모두들 좋아하는 모양의 송편이에요.

재료

감 반죽(약 17개 분량) : 멥쌀가루 250g
　　　　　　　　　　　　단호박가루 5g
　　　　　　　　　　　　딸기향가루 5g
　　　　　　　　　　　　물 80~90g, 코코아가루 약간

쑥 반죽(약 17개 분량) : 멥쌀가루 250g
　　　　　　　　　　　　쑥가루 5g, 물 80~90g

소 : 찐 밤 약 120g, 꿀 적당량

마무리 : 참기름 10g + 포도씨유 10g

도구

밀대
마지팬 스틱
감꼭지 고명틀

감송편 반죽 만들기

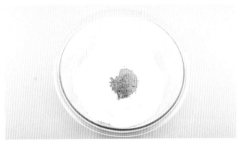

1 쌀가루에 단호박가루와 딸기향가루를 넣어 고루
섞어 주세요.

2 끓는 물을 넣어 주세요.

3 물이 뜨거우니 숟가락으로 고루 섞어 주세요.

4 반죽을 열심히 치대 한 덩어리로 만들어 주세요.

5 송편을 20g으로 나눠 동그랗게 빚어 주세요.

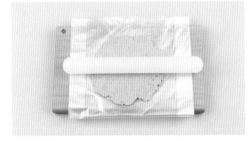

6 쑥반죽(140쪽 참고) 30g을 밀대로 1~2mm 두께로
밀어 주세요.

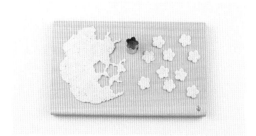

7 감꼭지 고명틀로 쑥 반죽을 찍어 주세요.

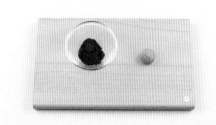

8 주황색 반죽 5g 정도에 코코아가루를 살짝 섞어 연한 밤색 반죽을 만들어 주세요.

9 반죽을 두께 1mm로 가늘고 길게 밀어 주세요.

10 송편 반죽의 가운데를 소를 넣을 수 있도록 깊게 만들어 주세요.

11 만들어 둔 밤소를 넣어 주세요.

12 둘째 손가락으로 밤소를 살짝 눌러 주면서 송편 반죽을 오므려 주세요.

13 송편이 터지지 않도록 꾹꾹 눌러 주세요.

14 반죽을 지그시 쥐어 공기를 빼 주세요.

15 송편 반죽을 동그랗게 빚어 주세요.

16 위에서 만들어 놓았던 감꼭지를 붙여 준 후 마지팬 스틱으로 가운데를 눌러 주세요.

17 코코아가루를 넣은 밤색 반죽을 0.8~1cm 크기로 자른 후 송편에 붙여 꼭지를 만들어 주세요.

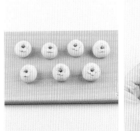 

18 완성

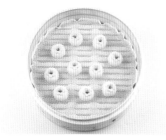

19 찜기에 시루밑을 깔고 송편을 안쳐 주세요.

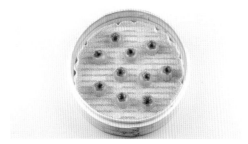

20 김 오른 물솥에 찜기를 올려 20분간 찌고 5분간 뜸 들여 주세요.

21 다 쪄진 송편은 참기름과 식용유를 1:1로 섞은 후 고루 발라 주세요.

송편 소 만들기

밤을 찐 다음 속을 파내고 꿀을 살짝 섞어 되직하게 만들어 주세요.

잎송편 반죽 만들기

1 쌀가루에 쑥가루를 넣고 고루 섞어 주세요.

2 끓는 물을 넣어 주세요.

3 물이 뜨거우니 숟가락으로 고루 섞어 주세요.

4 반죽을 열심히 치대 주세요.

5 반죽을 한 덩어리로 만들어 주세요.

6 송편을 20g으로 나눠 동그랗게 빚어 주세요.

7 송편 반죽의 가운데를 소를 넣을 수 있도록 깊게
만들어 주세요.

8 만들어 둔 밤소를 넣어 주세요.

9 둘째 손가락으로 밤소를 살짝 눌러 주면서 송편
반죽을 오므려 주세요.

10 송편이 터지지 않도록 꾹꾹 눌러 주세요.

11 반죽을 지그시 쥐어 공기를 빼 주세요.

12 송편 반죽을 약간 타원형으로 빚어 주세요.

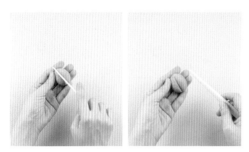

13 마지팬 스틱으로 송편 가운데에 금을 그어 주세요.

14 마지팬 스틱으로 송편에 잎맥을 그려 주세요.

15 송편의 끝을 손가락으로 살짝 집어 잎 모양으로 만들어 주세요.

16 찜기에 시루밑을 깔고 송편을 안쳐 주세요.

17 김 오른 물솥에 찜기를 올려 20분간 찌고 5분간 뜸 들여 주세요.

18 다 쪄진 송편은 참기름과 식용유를 1:1로 섞은 후 고루 발라 주세요.

다양한 소 만들기

깨소 : 깨 50g, 설탕 50g, 볶은 콩가루 20g을 절구에 살짝 빻아 주세요.
콩소 : 마른 콩은 불리거나 삶고 소금을 한 꼬집 고루 뿌려 주세요.
녹두소 : 완성된 녹두고물(23쪽 참고) 100g에 설탕 15g을 넣고 빻아 주세요.
밤소 : 밤을 찐 다음 속을 파내어 넣을 수도 있지만 통밤 그대로 넣어도 돼요.

사과정과

사과정과는 장을 건강하게 하는 펙틴이 풍부한 사과, 특히 신맛이 강한 홍옥을 시럽에 데쳐 말려 만들어요. 색이 곱고 맛이 좋아 입맛을 살려 줘요.

재료	사과 3개
	물 400g
	설탕 320g
	물엿 30g

도구	사과씨 빼는 것
	채칼
	식힘망

1 사과 씨를 제거해 주세요.

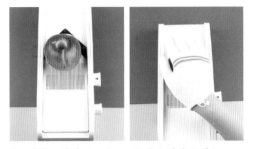

2 채칼로 사과를 2~3mm 두께로 썰어 주세요.

3 사과는 갈변될 수 있으니 한 번에 2~3개씩 썰어 준비해 주세요.

4 냄비에 물, 설탕, 물엿을 넣어 설탕이 녹고 바글 바글 끓어오를 때까지 끓여 주세요.

5 설탕이 다 녹고 가운데가 끓어올라 농도가 진한 시럽이 되어야 해요.

6 불을 약불로 줄이고 사과를 넣어 주세요.

7 사과가 휘어질 정도까지 끓여 주세요.

8 체에 밭쳐 시럽을 빼 주세요.

9 식힘망에 널어 말려 주세요.

10 사과가 어느 정도 마르면 사과 앞뒤로 설탕을 묻힌 후 보관해 주세요.

 Tip

– 사과는 홍옥으로 준비해 주세요.
– 설탕을 묻히지 않고 사과를 겹쳐 놓으면 서로 들러붙어요.

07

조란

열매나 뿌리식물을 익혀 꿀에 졸인 숙실과(熟實果)의 일종이에요. 조란의 '란(卵)'은 열매를 익힌 뒤 으깨어 설탕이나 꿀에 조려 다시 원재료의 모양 대로 빚은 걸 뜻해요.

재료

씨 뺀 대추 100g
꿀 10g
계피 1g
잣 10개
잣가루 15g

1 잣을 치즈 그레이터로 갈아 준 후 키친타월 위에 놓고 기름을 빼 주세요. 혹은 도마 위에 한지를 깔고 칼로 곱게 다져 주세요.

2 대추 씨를 제거해 주세요.

3 대추를 잘게 다져 주세요.

4 젖은 면포를 깐 찜기에 다진 대추를 올려 주세요.

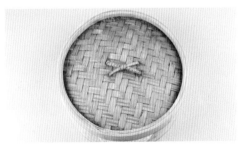

5 김 오른 물솥에 찜기를 올려 10분간 쪄 주세요.

6 익은 대추에 꿀을 넣어 잘 섞어 주세요.

7 6의 반죽에 계핏가루를 넣어 잘 섞어 주세요.

8 대추모양으로 빚어 주세요.(개당 약 11~12g)

9 꼭지 부분에 잣을 반쯤 보이게 꽂아 주세요.

10 겉면에 꿀(분량 외)을 발라 주세요.

11 잣가루를 묻혀 주세요.

12 완성

08

율란

황해도 안악지방에서 즐겨 먹던 향토음식이에요. 본래는 가루로 만들었으나 요즘은 날밤을 이용해서 많이 만들어요.

재료
체에 내린 밤 150g(밤 10개)
꿀 40~50g
계핏가루 1g

도구
중간체
스크래퍼

1 밤을 찜기에 30분간 쪄 주세요.

2 잘 쪄진 밤을 갈라 속을 파내고 체에 내려 주세요.

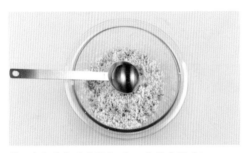

3 체에 내린 밤에 꿀을 넣고 잘 섞어 주세요.

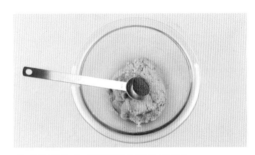

4 3의 반죽에 계핏가루를 넣어 주세요.

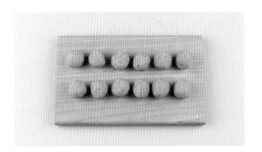

5 반죽을 12g으로 나누어 동그랗게 빚어 주세요.

6 반죽의 한쪽을 밤저림 뾰죽하게 만들어 주세요.

7 옆면도 뾰족하게 밤 모양으로 빚어 주세요.

8 동그란 반죽의 가운뎃부분을 엄지로 살짝 눌러 주세요.

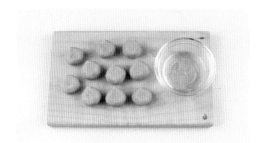

9 반죽의 아랫부분에만 꿀을 발라 주세요.

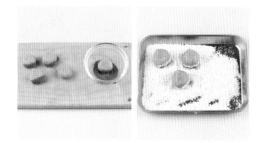

10 반죽의 아랫부분에 계핏가루나 잣가루를 묻혀 주세요.

11 완성

Tip

밤은 쉽게 상하기 때문에 손으로 오래 만지는 게 좋지 않으니 빠르게 작업해 주세요.

생란

조란, 율란과 함께 조과(造果)의 대표적인 음식이에요. 생강 고유의 매운맛
과 꿀의 단맛 그리고 잣의 고소한 맛이 잘 어우러져 경사스러운 잔치에 빠
지지 않는 한과예요.

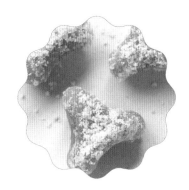

재료

손질한 생강 200g
물 100g
설탕 35g
조청 100g
꿀 50g
잣가루 25g

도구

분쇄기

1 생강을 깨끗이 씻어 껍질을 벗겨 주세요.

2 생강을 편으로 썰어 주세요.

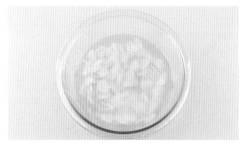

3 생강은 찬물에 담가 매운맛을 없애 주세요.

4 분쇄기에 생강과 물을 넣어 곱게 갈아 주세요.

5 생강의 매운맛을 빼기 위해 삶아 주세요.

6 면포를 깐 체에 곱게 간 생강을 밭쳐 주세요.

7 면포로 생강을 꽉 짜 주세요.

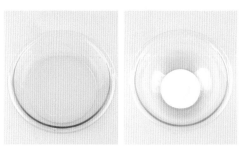

8 분리된 물은 버리지 말고 전분을 가라앉혀 주세요.

9 7의 생강에 설탕, 조청을 넣고 고루 섞어 주세요.

10 생강 건지가 투명해지고 물이 없어질 때까지 조려 주세요.

11 가라앉힌 생강 전분을 넣고 더 조려 주세요.

12 뻑뻑해지면 꿀을 넣고 섞어 주세요.

13 한 덩어리가 될 때까지 더 조린 후 꺼내어 식혀 주세요.

14 손에 꿀을 묻혀 가며 생강모양으로 만들어 주세요. (개당 약 12g)

15 모양을 낸 생란에 잣가루를 묻혀 주세요.

16 완성

오란다

조청의 부드러운 단맛과 식감을 느낄 수 있는 과자예요. 딱딱해서 입안이
긁혔던 옛날 과자와 달리 부드러우면서도 바삭해서 남녀노소 부담 없이 즐
길 수 있어요.

재료

호박씨&크랜베리 오란다 : 오란다(시판) 150g

크랜베리 30g

호박씨 30g

조청 95g

설탕 30g

물 1큰술

감태 오란다 : 오란다(시판) 160g

감태 1장

조청 95g

설탕 30g

물 1큰술

도구

강정틀(가로 20cm×세로 30cm×높이 1.5cm)

밀대

위생비닐팩

호박씨&크랜베리 오란다

1 분량의 오란다, 크랜베리, 호박씨를 고루 섞어 주
세요.

2 강정틀 위에 비닐을 깔아 준비해 주세요.

3 시럽 재료를 계량해서 설탕이 녹고 가운데가 바
글바글할 때까지 끓여 주세요.(약불에서 중불)

4 시럽이 끓으면 오란다를 넣어 준 후 실이 보일
때까지 고루 섞어 주세요.

5 강정틀 위에 볶은 오란다를 부어 주세요.

6 장갑 낀 손으로 모서리부터 꼼꼼히 채워 주세요.

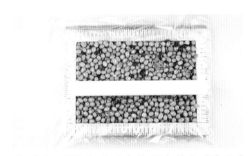

7 밀대로 꾹꾹 눌러 가며 빈 공간 없이 채워 주세요.

8 한 김 식힌 후에 원하는 크기로 잘라 포장하세요.(5×6cm 20개 분량)

감태 오란다

1 강정틀에 비닐을 깐 후 감태 1장을 펼쳐 주세요.

2 시럽 재료를 계량해서 설탕이 녹고 가운데가 바글바글할 때까지 끓여 주세요.(약불에서 중불)

3 시럽이 끓으면 오란다를 넣어 준 후 실이 보일 때까지 고루 섞어 주세요.

4 감태 위에 볶은 오란다를 부어 준 후 장갑 낀 손으로 모서리부터 꼼꼼히 채워 주세요.

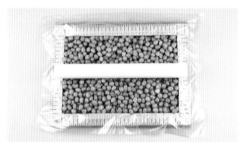

5 밀대로 꾹꾹 눌러 가며 빈 공간 없이 채워 주세요.

6 한 김 식힌 후에 원하는 크기로 잘라 포장하세요.(5×6cm 20개 분량)

Tip

밀대로 밀면 오란다 알이 밖으로 밀려 나가고 꾹꾹 눌러 주듯 해 주면 빈 공간에 오란다가 채워져요. 너무 오래 볶으면 자를 때 오란다 강정이 부셔져요. 실이 보이고 오란다 강정이 큰 한 덩어리로 뭉쳐질 때까지만 볶아 주세요.

• Part 4 •

겨울

겨울철에는 떡을 찌고 김이 오르는 모습만 봐도 따뜻한 기운이 느껴지지요.
겨울에 나오는 유자로 유자주머니를 만들거나, 오래 보관해 둘 수 있는
도라지정과, 곶감 잣쌈, 건시단자 등을 만들어 보세요.

morak
morak
table

01

귤병설기

꿀이나 설탕에 조린 것을 '병'이라고 해요. 귤껍질로 귤병을 만들면 향긋하고 귤 향이 그대로 살아 있어요. 제주도 향토떡인 귤병설기는 입안 가득 퍼지는 상큼함이 무척 매력적이에요.

재료

멥쌀가루 150g
귤즙 22~25g
설탕 18g
귤병 조림

귤병 만들기 : 귤 5개(손질한 귤껍질 95g)
　　　　　　　설탕 25g
　　　　　　　꿀 30g

도구

실리콘 틀(미니 무스링)

1 귤을 깨끗이 씻어 준비해 주세요.

2 귤을 끓는 물에 데쳐 주세요.

3 데친 귤을 체에 밭쳐 물기를 제거해 주세요.

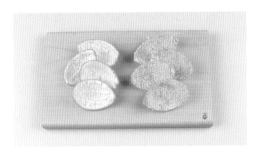

4 껍질을 4등분한 후 벗겨 하얀 속껍질을 정리해 주세요.

5 4의 껍질을 채 썰어 주세요.

6 5의 채 썬 귤껍질을 끓는 물에 데쳐 주세요.

7 끓는 물에 데친 귤껍질을 찬물에 헹군 뒤 체에 밭쳐 주세요.

8 7의 껍질에 분량의 설탕을 넣고 약한 불에 조려 주세요.

9 수분이 줄어들면 꿀을 넣어 고루 섞어 주세요.

10 약불로 조금 더 조려 주세요.

11 밧드에 펼쳐 식혀 주세요.

12 껍질을 벗긴 귤을 체에 내려 귤즙을 만들어 주세요.

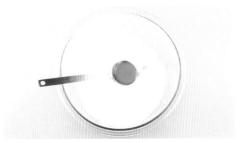

13 쌀가루에 귤즙을 넣어 주세요.

14 쌀가루와 귤즙을 고루 비벼 섞어 주세요.

15 체에 한두 번 내려 주세요.

16 15의 쌀가루에 설탕을 넣고 고루 섞어 주세요.

17 실리콘 틀에 절반 정도 쌀가루를 채우고 중간
에 귤병을 넣어 주세요.

18 남은 부분에 쌀가루를 넣어 채운 후 김 오른
물솥에 찜기를 올려 20분간 쪄 주세요.

귤칩 만들기

재료 : 귤 5개, 물 200g, 설탕 200g

1 귤을 베이킹소다에 깨끗이 씻은 후 5~7mm 두께로 썰어 주세요.

2 팬에 물과 설탕을 넣어 설탕이 녹을 정도로 끓여 주세요.

3 귤을 시럽에 담가 앞뒤로 시럽을 골 고루 묻혀 주세요.

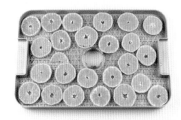

4 건져서 체반이나 건조기에 넣어 꾸 덕꾸덕해질 때까지 말려 주세요.

Tip

그냥 먹어도 맛있고 떡 케이크 위에 장식으로 쓸 수도 있어요.

02

레밍턴떡케이크

초콜릿과 코코넛가루가 곁들여진 호주 전통 디저트예요. 제누아즈 대신 백설기를 이용해서 촉촉하고 맛있는 퓨전떡을 만들 수 있어요.

재료

멥쌀가루 400g
아몬드가루 50g
설탕 40g
코코넛가루 100g

초콜릿 시럽 : 생크림 60g
　　　　　　다크 초콜릿 40g
　　　　　　물엿 10g

딸기초콜릿 시럽 : 생크림 60g
　　　　　　　　딸기맛 초콜릿 40g
　　　　　　　　물엿 10g

도구

사각 무스링 1호(가로 15cm×세로 15cm×높이 5cm)
스크래퍼
휘퍼

1 쌀가루에 아몬드가루를 넣고 고루 섞어 주세요.

2 1의 쌀가루에 분량의 물을 넣어 주세요.

3 쌀가루와 물을 고루 섞어 비벼 주세요.

4 체에 한두 번 내려 주세요.

5 4의 쌀가루에 설탕을 넣고 고루 섞어 주세요.

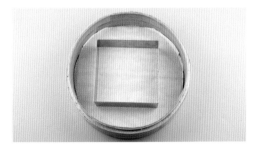

6 찜기에 시루밑과 무스링을 얹어 주세요.

7 무스링 안에 쌀가루를 넣어 주세요.

8 쌀가루 윗면은 스크래퍼로 평평하게 정리해 주세요.

9 칼을 수직으로 넣어 칼금을 그어 준 후 김 오른 물솥에 찜기를 올려 20분간 쪄 주세요.

10 생크림에 초콜릿을 넣어 중탕으로 녹여 주세요.

11 휘퍼로 초콜릿이 잘 녹도록 잘 유화시켜 주세요.

12 11의 초콜릿 시럽에 물엿을 넣어 주세요.

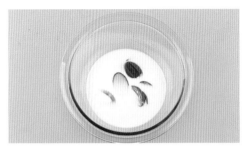

13 생크림에 딸기맛 초콜릿을 넣어 중탕으로 녹여 주세요.

14 휘퍼로 초콜릿이 잘 녹도록 잘 유화시켜 주세요.

15 14의 딸기초콜릿 시럽에 물엿을 넣어 주세요.

16 다 익은 떡은 밧드에 올려 완전히 식혀 주세요.

17 12의 초콜릿 시럽에 16의 설기를 넣어 고루 묻혀 주세요.

18 코코넛가루를 뿌린 밧드에 초콜릿 묻은 설기를 굴려 주세요.

19 15의 딸기초콜릿 시럽에 18의 완전히 식은 설기를 적셔 주세요.

20 코코넛가루를 뿌린 밧드에 19의 설기를 굴려 주세요.

21 완성

03

개성주악

조약돌 같은 모양이라 주악이라 이름이 붙여졌으며, 주로 개성지방에서 많이 해 먹는다고 하여 개성주악이라 불려요. 웃기떡의 하나로 기름에 지져 내는 유전병에 속해요.

재료

반죽 : 찹쌀가루 200g
중력분 55g
설탕 40g
막걸리 60g
끓는 물 10±g

집청 시럽 : 조청물엿 300g
물 100g
통계피 2~3개
생강슬라이스 20g

장식

대추
호박씨

1 집청 시럽 재료를 넣고 끓여 주세요. 바글바글 끓어오르면 불을 줄여 뭉근히 10~15분간 끓여 주세요. 꿀과 같은 농도로 졸인 후 식혀 주세요.

2 찹쌀가루에 설탕을 넣고 고루 섞어 주세요.

3 2에 분량의 막걸리를 넣어 치대 주세요. 부족한 수분은 물을 조금씩 넣어 가며 추가해 주세요.

4 반죽을 치대어 한 덩어리로 만들어 주세요.

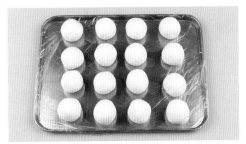

5 22g씩 소분하여 동그랗게 빚어 주세요.

6 소분한 반죽의 가운데를 젓가락으로 눌러 주세요.

7 80~90℃의 온도에 넣어서 둥둥 떠오를 때까지 기다려 주세요.

8 둥둥 떠오르면 온도를 센불로 올려 노릇하게 튀겨 주세요.

9 반죽을 뒤집어 윗면도 노릇하게 튀겨 주세요.

10 중간 중간 뒤집어 가며 계속 튀겨 주세요.

11 튀김 색이 노릇하게 나올 때까지 튀겨 주세요.

12 잘 튀겨진 주악을 체에 밭쳐 키친타월에 기름을 빼 주세요.

13 1의 집청 시럽에 담가 주세요.

14 13의 주악을 망에 건져 여분의 시럽을 빼 주세요.

15 대추는 씨를 빼고 가늘게 채 썰어 주세요.

16 14의 주악에 채 썬 대추와 호박씨로 장식해 주세요.

04

땅콩찰편

일반적으로 사용하는 거피팥고물, 녹두고물 대신 땅콩고물로 만들어 봤어요. 먹을 때 한 번씩 툭툭 땅콩의 고소함이 느껴지는 매력이 있어요.

재료

찹쌀가루 350g
물 25~30g
설탕 25g
호두분태 30g
흑설탕 20g

땅콩고물 : 생땅콩 150g
　　　　　소금 1.5g
　　　　　설탕 15g

도구

사각 무스링 1호(가로 15cm×세로 15cm×높이 5cm)
분쇄기
스크래퍼

1 생땅콩을 물에 불려 주세요.

2 물에 불린 땅콩 껍질을 벗겨 주세요.

3 면포를 깐 찜기에 2의 땅콩을 넣어 주세요.

4 30분간 쪄 주세요.

5 쪄진 땅콩을 분쇄기에 곱게 갈아 주세요.

6 곱게 간 땅콩과 분량의 설탕과 소금을 넣고 고슬
고슬하게 볶아 주세요.

7 찹쌀가루에 물을 넣어 주세요.

8 고루 섞일 수 있게 비벼 주세요.

9 체에 한 번 내려 주세요.

10 분량의 설탕을 넣고 고루 섞어 주세요.

11 호두분태와 흑설탕을 고루 섞어 주세요.

12 6의 땅콩고물을 무스링 안에 깔아 주세요.

13 10의 찹쌀가루 절반을 넣은 후 스크래퍼로 윗면을 고르게 펴 주세요.

14 그 위로 11의 필링을 고르게 뿌려 주세요.

15 남은 찹쌀가루를 넣어 준 후 윗면을 고르게 펴 주세요.

16 남은 땅콩고물로 윗면을 덮어 주세요. 김 오른 물솥에 찜기를 올려 30분간 쪄 주세요.

05

꽃별떡

담백한 절편을 조금 더 예쁘게, 그리고 소를 넣어 맛을 더했어요. 꽃모양 같기도 하고 별모양 같기도 한 꽃별떡은 2가지 색의 반죽을 겹쳐 만들면 더욱 예뻐요.

재료

멥쌀가루 240g
찹쌀가루 60g
물 90~105g
잣 10개
백년초가루 약간
말차가루 약간
참기름 1큰술 + 포도씨유 1큰술

소 : 거피팥고물 100g(22쪽 참고)
　　꿀 20~30g

도구

밀대
매화 무스링
매화 고명틀
잎 고명틀

1 거피팥고물과 꿀을 고루 섞어 한 덩어리로 만들어 주세요.

2 멥쌀가루와 찹쌀가루를 고루 섞은 후에 분량의 물을 넣어 주세요.

3 쌀가루와 물을 고루 섞어 비벼 주세요.

4 찜기에 젖은 면포를 깔고 설탕 1큰술(분량 외)을 고루 뿌려 주세요.

5 3의 쌀가루를 가볍게 주먹 쥐어 안쳐 주세요.

6 김 오른 물솥에 찜기를 올려 25~30분간 쪄 주세요.(*뚜껑 들이지 않아요.)

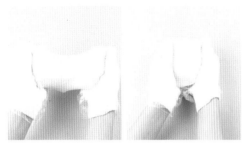

7 장갑을 낀 후 기름을 살짝 바르고 다 익은 떡을 한 덩어리로 만들어 주세요.

8 떡 절반을 떼어 내 백년초가루로 색을 내 주세요.

9 흰 반죽과 분홍색 반죽을 준비해 주세요.

10 각각의 반죽을 밀대로 1~2mm 두께로 밀어 주세요.

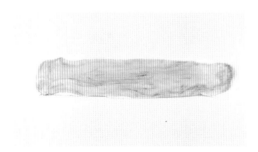

11 흰 반죽 위에 분홍색 반죽을 올려 주세요.

12 매화 무스링으로 찍어 주세요.

13 커터로 찍어 낸 반죽 위에 소(12g)를 동그랗게 빚어 올려 주세요.

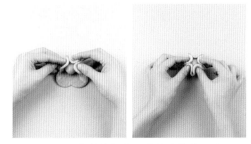

14 둥근 꽃잎 부분을 서로 만나게 붙여 주세요.

15 꽃잎을 모두 붙여 주세요.

16 남은 흰 반죽에 말차가루를 섞어 주세요.

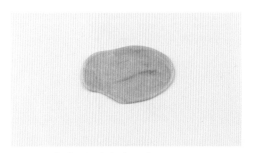

17 16의 반죽을 얇게 펴 주세요.

18 나뭇잎 모양 커터로 찍어 주세요.

19 15의 떡에 나뭇잎모양 반죽을 올려 주세요.

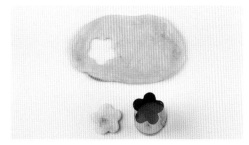

20 남은 분홍색 반죽을 얇게 밀어 준 후 매화 고명틀로 찍어 주세요.

21 19의 떡에 매화모양 반죽을 올려 주세요.

22 꽃 가운데에 잣을 꽂아 주세요.

06

도라지 진정과

기관지와 호흡기 건강에 좋은 도라지를 정성을 다해 긴 시간 조려서 진정과
를 만들었어요. 조청을 사용해 은은한 단맛을 느낄 수 있어요.

재료

손질한 도라지 1kg
조청 2kg
소금 6g

고물 : 콩가루
　　　설탕

1 도라지 뇌두를 제거하고 도라지 껍질을 깨끗이 벗겨 주세요.

2 깨끗이 손질한 도라지를 머리가 엇갈리게 켜켜이 넣어 주세요.

3 도라지가 잠길 만큼 물과 소금을 넣고 끓여 주세요.

4 도라지가 살짝 휘어질 때까지 삶아 주세요. 오래 삶으면 물러져서 맛이 없어지니 주의하세요.

5 솥에 데친 도라지를 머리가 엇갈리게 차례로 넣고 도라지가 자작하게 잠길 만큼 조청을 부어 주세요.

6 냄비의 가운뎃부분이 끓어오르면 약불로 줄여 주세요.

7 약불에서 30분간 조려 준 다음 뚜껑을 닫고 완전히 식혀 주세요.

8 완전히 식은 도라지를 불에 올려 다시 끓여 주세요.

9 중간 중간 거품을 걷어 주세요.

10 조청이 끓으면 불을 약불로 줄이고 30분간 조려 준 다음 뚜껑을 닫고 완전히 식혀 주세요.

11 6~10 과정을 한 번 더 반복해 주세요.

12 도라지의 색이 짙어지고 투명해지면 체에 밭쳐 주세요.

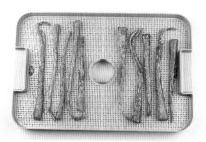

13 체에 밭쳐 여분의 시럽을 제거한 도라지를 식힘망에 잘 널어 말려 주세요.

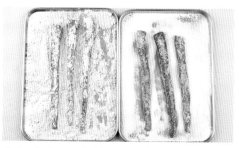

14 잘 마른 도라지는 콩가루나 설탕을 묻혀 보관해 주세요.

07

도라지 건정과

건정과는 진정과와 달리 간편하고 빠르게 만들 수 있어요. 도라지 건정과는
뽀얀 도라지 색감도 예쁘고 약간의 바삭함과 쌉쌀한 맛이 매력적이에요.

재료

손질한 도라지 200g
설탕 90g

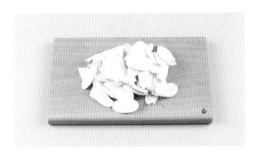

1 깨끗이 껍질을 제거한 도라지는 2~3mm 두께로
어슷썰기해 주세요.

2 냄비에 넣어 데쳐서 아린 맛을 제거해 주세요.

3 데쳐 낸 도라지는 체에 밭쳐 물기를 빼 주세요.

4 데친 도라지를 볼에 담고 설탕 60g을 넣고 고루
섞어 주세요.

5 설탕이 다 녹으면 4의 도라지를 체에 밭쳐 주세
요.

6 5의 도라지를 볼에 담고 다시 설탕 30g을 넣어
고루 섞어 주세요.

7 설탕이 다 녹으면 체에 밭쳐 수분을 제거해 주세요.

8 망에 건져 말려 주세요.

9 잘 마른 도라지는 설탕을 묻혀 주세요.

Tip

도라지의 아린 맛이 싫으면 6~7의 과정을 한 번 더 해 주세요.

08

곶감 잣쌈

단것이 귀했던 옛날에는 곶감을 저장해 두고 1년간 의례상에 올렸어요. 곶감오림은 주로 정월의 다과상이나 교자상에 올리는데 화려해서 상차림을 빛나게 해 줘요.

	곶감
	잣
재료	

	가위
도구	

1 곶감은 꼭지 부분을 잘라서 준비해 주세요.

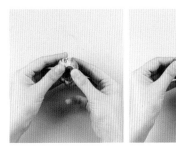

2 곶감의 자른 부분을 눌러 납작하게 만들어 주세요.

3 자른 꼭지 부분이 바닥으로 가게 준비해 주세요.

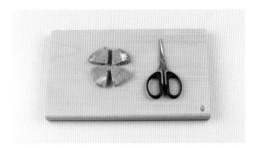

4 납작한 곶감을 4등분해 주세요.

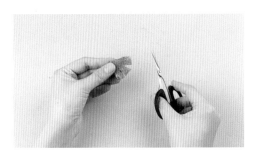

5 4의 곶감에 각 조각의 둘레 부분을 3등분해 주세요.

6 곶감 속이 보이도록 비틀어 주세요.

7 나머지도 모두 비틀어 곶감 속이 보이게 준비해
주세요.

8 잣을 하나씩 곶감 속에 꾹 박히도록 눌러 주세요.

9 완성

09

건시단자

옛 방식은 건시를 얇게 저며 꿀에 재었다 만들지만, 여기서는 쉽고 빠르게 만들 수 있는 방법을 소개했어요. 황률가루와 잣가루는 건시의 단맛을 중화시켜 줘요.

재료

곶감 3개
황률 100g
꿀 70~80g
잣가루 20g

도구

분쇄기
고운체
가위

1 황률을 분쇄기로 곱게 갈아 주세요.

2 간 황률가루를 체에 내려 주세요.

3 2의 황률가루에 꿀을 넣어 주세요.

4 꿀과 황률가루가 잘 섞이도록 치대 주세요.

5 곶감 꼭지 부분을 한 쪽 끝은 붙어 있도록 잘라
주세요.

6 곶감 속을 파내 씨를 빼 주세요.

7 4의 반죽 일부를 떼어 곶감 속에 채워 주세요.

8 속을 채운 곶감의 꼭지 부분은 잘 오므려 주세요.

9 8의 곶감 겉면에 꿀을 묻혀 주세요.

10 잣가루를 뿌린 밧드에 굴려 잣가루를 묻혀 주세요.

11 잣가루를 묻힌 곶감을 도마로 옮겨 잘라 주세요.

12 완성

유자주머니

본래 이름은 유자청이지만 오늘날의 유자청과 혼동되어 유자주머니라 부르기도 해요. 속을 파낸 유자 안에 다양한 고명을 넣어 그윽한 유자의 향과 잘 어울리는 귀한 음료예요.

재료

유자 5개

소 : 밤 10개
  대추 10개
  잣 20g
  석류알 1/2컵
  설탕 80g
  꿀 50g

시럽 : 물 500g
  설탕 200g
  꿀 50g
  소금 약간

도구

면실
레몬 제스터

1 시럽 재료를 넣고 바글바글 설탕이 녹을 때까지 끓인 다음 식혀 두세요.(오래 두고 먹으려면 물과 설탕의 비율이 1:1이 좋아요. 물 350g, 설탕 350g, 소금 약간)

2 유자는 베이킹소다를 넣고 문지른 후 베이킹소다를 푼 물에 살짝 담가 두었다가 깨끗이 씻어 주세요.

3 칼이나 레몬 제스터를 이용하여 겉껍질을 살짝만 벗겨 내 주세요.(이렇게 껍질을 한 커 벗겨 내야 먹을 때 조금 더 부드러워요.)

4 밤은 껍데기를 까고, 대추는 돌려깎기한 후 가늘게 채 썰어 주세요.

5 석류도 껍질을 까고 알맹이만 모아 주세요.

6 유자의 크기에 따라 6~8등분해 주세요. 유자의 형태가 유지될 수 있도록 하단 1cm 정도는 남기고 잘라 주세요.

7 과육에서 씨를 제거한 후 잘게 다져 주세요.(씨가 들어가면 나중에 엄청 쓴맛이 나게 돼요.)

8 볼에 유자 제스트, 다진 유자, 밤 채, 대추 채, 석류 1/2컵, 잣 2큰술, 설탕 1/2컵, 꿀을 넣고 고루 섞어 주세요.

9 잘 버무린 소를 5등분하여 유자 속에 넣을 수 있게 동그랗게 빚어 주세요.

10 6에서 칼집을 낸 유자 속으로 9의 소를 넣어 오므려 주세요.

11 한 번 삶아 낸 면 실로 유자주머니를 묶어 주세요.

12 병에 유자주머니와 1에서 만들어 식혀 둔 시럽을 유자주머니가 잠기도록 넣어 주세요. 냉장실에서 1주일 정도 숙성한 후 먹으면 돼요.

Tip

유자주머니가 시럽 밖으로 나와 있으면 그 부분은 상할 수 있으니 병에 꾹꾹 눌러 담아 주세요.

디저트 카페에서 만나는 구움과자를
집에서도 제대로 구울 수 있다!

홈베이킹으로 구운 맛있는 과자 레시피 49

"나는 왜 예쁜 모양이 안 나올까?"
"내 오븐으로는 몇 도, 몇 분으로 구워야 하지?"
"휘핑은 어느 정도까지 해야 하지?"

브리첼 서귀영 지음 | 244쪽 | 14,800원

직접 만든 버터크림으로 케이크에 꽃을 피우다!

감각적인 디자인으로 유명한 메종올리비아의
플라워케이크 시크릿 레시피 공개 ————

12만 명 인스타그램
팔로워가 좋아하는
메종올리비아의
버터크림 플라워케이크

김혜정 지음 │ 값 23,500원